선생님도 모르는 과학자 이야기

사마키 다케오 외 젊은 과학도 11명 지음
윤명현 옮김 / 일러스트 원혜진

교과서에 등장하는 과학자들의 숨겨진 이야기

선생님도 모르는 과학자 이야기

사마키 다케오 외 젊은 과학도 11명 지음 / 윤명현 옮김 / 일러스트 원혜진

Geuldam 글담

이 책의 출연진을 소개해 드립니다

베게너
프랭클린
다윈
하버
사쿠고로
드루데
노벨
돌턴
도일
드 브리스
나가오카
에디슨
아리스토텔레스
튜링

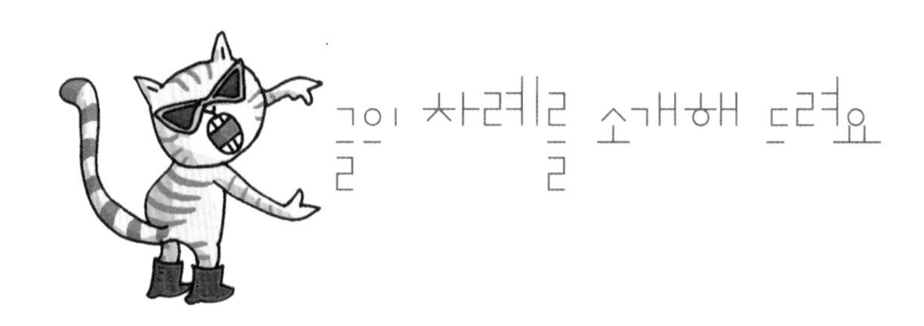
글의 차례를 소개해 드려요

모건

유전자의 비밀을 밝힌 파리방의 주인

자, 파리대왕을 만나러 떠나보죠. 너무 지저분한 외모 때문에 늘 청소부로 오인 받았던 유전학자 모건,
파리를 이용한 유전자 실험을 통해 유전학 발전에 수많은 공로를 세운 모건,
오직 실험으로 증명된 사실만을 믿었던 철저한 실험발생학자 모건,
그가 노벨상 수상자로 선정되었는데도 수상식에 참석하지 않았던 것은
한 가지 꺼림칙한 사실이 있었기 때문이라는군요.
한 가지 연구에 매달려 일생을 바친 멋진 과학자들, '모건 그룹'을 만나러 떠나보죠.

콜럼비아 대학의 파리방

그곳은 아주 좁고 불결한 방이었다. 방안에는 8개의 책상과 작업용 테이블 1개, 그리고 수백 개의 우유병이 놓여있는 선반들이 가득 세워져 있었다. 우유병 속에는 으깨어 썩힌 바나나를 먹이로 무수한 구더기가 살고 있었는데 늘 고약한 냄새가 진동해 숨쉬기조차 어려울 지경이었다. 방안엔 병 속에서 빠져나온 초파리가 날아다니고 서랍을 열면 바퀴벌레가 인기척에 놀라 서둘러 숨어버렸다. 걸음을 옮기면 발 아래로 물컹, 쥐가 밟혔다. 이 방 주인의 책상 위에는 으깨져 죽은 파리 시체 위로 곰팡이가 빽빽하게 피어있었다.

토마스 헌트 모건
(1866~1945)
미국 유전학자이자 발생학자. 콜럼비아 대학 교수로 있으면서 제자들과 함께 유명한 '파리방'을 만들었어요. 염색체 지도 작성, 성염색체에 의한 성 결정 매커니즘의 해명 등 중요한 발견을 한 공로로 1933년 노벨 생리 · 의학상을 수상했어요.

뉴욕 콜롬비아 대학 한 귀퉁이에 있던 이 더러운 방의 이름은 통칭 '파리방', 현대 유전학이 태동한 곳이다.

'파리방'의 주인 **모건**은 20세기 최고의 유전학자다. 그는 철저한 실험생물학자로 초파리라는 파리를 이용해 정밀한 실험을 했다. 실험 결과, 유전자가 염색체에 직렬해 있다는 것을 증명하고 그 위치관계를 나타내는 '염색체 지도'를 작성하는 획기적인 발견을 하였다. 그의 연구는 '유전자'를 막연한 가정의 존재에서 실험적 뒷받침이 된 실체적 존재로 드러나게 했다. 또 그의 발견은 유전학의 급진적인 발전을 이끄는 기폭제가 되었다. 1933년, 그는 유전학자로서

는 처음으로 노벨상을 수상했다.

그러나 유전학자 모건은 사실 발생학자였다. 발생학은 수정란에서 생물체가 어떻게 만들어지는가를 연구하는 학문이다. 그래서 처음에는 개구리의 발생, 잘린 지렁이의 재생 등을 연구했었다. 그런 그가 어떻게 유전에 대한 연구에 뛰어들게 된 것일까?

멘델을 싫어한 모건

모건은 처음에는 멘델의 연구를 믿지 않았다. 그래서 그는 직접 몇 몇 동물을 통해서 멘델의 법칙이 맞지 않는 예를 확인했다. 그리고 그는 무엇보다 미리 준비되어 있는 유전자에 의해 생물의 특징이 만들어진다는 것은 이미 오래 전에 부정된 **전성설(前成說)** 그 자체인 것처럼 생각해 매우 싫어했다.

전성설은 생물체의 모습이 난자나 정자 때부터 이미 결정되어 있다는 설이에요. 그러니까 간단히 설명하자면 난자나 정자 안에 사람의 모양을 갖춘 작은 사람이 들어있고 그것이 그대로 성장해서 인간이 된다는 설이죠. 이 설은 정자나 난자의 모습을 현미경으로 들여다보게 된 때부터 오히려 더 널리 퍼졌다고 해요. 그것은 당시 현미경의 성능이 그리 좋지 않았기 때문에 난자나 정자를 현미경으로 들여다본 과학자들이 어렴풋하게 보이는 형상을 사람의 모습으로 착각해서였죠. 그들은 사람이 들어있는 것이 과연 난자인가 정자인가 하는 논쟁을 벌이기도 했어요. 어찌되었든 전성설은 이미 사실이 아닌 것으로 규정되었어요.

그리고 그 시절에는 진화론과 유전의 관련성에 대한 논의도 활발했다. 모건은 이런 논의도 싫어했다. 그는 실험가로서 '진화라는 현상은 유전학과 같은 탁상 이론이 아니라 어디까지나 실험생물학적으로 증명해야 한다.' 고 생각했다. 그래서 대학원생인 페인에게 지시하여 동굴 속에서 동물의 눈이 퇴화하는 현상을 재현하는 실험을 하게 했다. 진화란 주어진 환경에 적응하기 위해 생물이 변하는 것이므로 만일 컴컴한 동굴 속에서 동물을 기른다면 쓸모없어진 눈이 퇴화할 거라고 믿었다.

그는 초파리라고 하는 작은 파리를 암실에서 2년 동안 69세대에 걸쳐 사육했다. 빛이 없는 환경에서 눈이 퇴화하기를 기대하고 한 일이었다. 그러나 결국 눈이 없는 파리 같은 것은 태어나지 않았다. 페인은 69대째가

성충으로 변했을 때 즉시 모건을 불러서 "드디어 성공한 것 같습니다!" 하고 주장했다고 한다. 빛을 받은 파리가 순간적으로 눈이 부신 듯한 몸짓을 했다는 것이 그 이유였다.

그러나 결국 눈 없는 파리 실험은 실패로 끝났다. 모건은 종종 "나는 세 종류의 실험을 했다. 어리석은 것과, 굉장히 어리석은 것, 그리고 나쁜 것이다."라고 농담처럼 말했는데 그것은 앞에서와 같은 실험을 말하는 것이리라. 그러나 이 실험은 초파리 사육에 대한 노하우를 갖게 하여 유전학이 발전하는 계기가 되었다.

모건과 눈이 흰 파리

1919년 5월 어느 날, 모건은 사육하던 파리 중에 눈이 흰 파리 한 마리를 발견했다. 일반 초파리는 눈이 빨간데 이것은 돌연변이를 일으킨 파리임이 틀림없었다. 유전학을 싫어하던 모건도 드 브리스의 '돌연변이설'만큼은 늘 흥미 있어 했다. 진화가 일어난다고 하면 그 원동력은 돌연변이일 것이라고 생각하던 그는 이 발견을 대단히 기뻐했다.

"돌연변이 파리를 이용하면 진화하는 구조를 이해할 수 있을지도 몰라. 그렇다면 이 귀중한 파리의 혈통을 끊어뜨리면 안 되지."

그는 눈이 빨간 일반 파리와 이 변종 파리를 조심스럽게 교배했다. 그러나 태어난 자식들은 모두 빨간 눈이었다. 그런데 다시 그 자식들에서

태어난 손자들 중 4분의 1은 흰 눈이었다. 이것은 멘델의 법칙 그대로의 결과였다. 그는 파리의 눈 색깔 유전이 멘델의 법칙을 따른다는 것을 인정하고 논문을 썼다. 그러나 기묘하게도 이들 흰 눈 손자들은 모두가 수컷이었고 암컷은 모두 빨간 눈이었다.

당시에는 이미 성을 결정하는 인자로서 '성염색체'의 존재가 밝혀져 있었다. 모건의 기묘한 데이터는 X염색체라고 불리는 성염색체에 열성의 흰 눈 유전자가 존재한다고 생각하면 깨끗이 설명할 수 있다. 그렇다면 필연적으로 유전자는 염색체에 있다는 것이 된다. 이것이 바로 '염색체설'이다.

실험가로서 직접적인 증거를 선호하고 가설을 좋아하지 않는 모건으로서는 이 학설이 불만스러웠다. 단순한 아이디어 이상의 것으로는 생각하지 않았기 때문이다. 그밖에도 이 설이 '전성설' 그 자체처럼 느껴졌다는 것, 새나 나방의 경우는 자웅의 결정이 파리와는 정반대라는 것 등의 이유도 있어서 고집스런 모건은 처음에는 이 학설을 받아들이려고 하지 않았다.

그러나 곧 흰 눈과 같은 유전을 거친 주홍색 눈의 파리(제자인 **브리지스**가 사육병을 씻다가 우연히 발견했다.)를 발견하였다. 한번 보이기 시작하자 신기하게도 그 이후 멘델의 법칙에 딱 맞는 다른 파리들이 속속 나타나기 시작했다. 계속해서 발견되는 부정할 수 없는 증거에 제아무리 모건이라도 생각을 바꾸지 않을 수 없었다. 아니, 오히려 실험을 중시하는 그이기 때문에 인정했을 것이다.

캘빈 블랙먼 브리지스
(1889~1938)
미국 유전학자. 콜럼비아 대학에서 모건의 제자가 되었어요. 스승인 모건과 함께 각종 돌연변이체를 비롯해 초파리의 Y염색체 '비분리' 등을 발견했어요. 타액선 염색체의 유전자 위치 분석은 그의 가장 중요한 업적이랍니다.

그는 마침내 염색체설을 받아들여 멘델의 학설을 긍정하고 모든 노력을 그 방향으로 돌렸다. 일거에 멘델과 염색체설을 받아들이는 입장이 된 모건은 제자들과 함께 맹렬하게 파리 유전에 몰두했다. 그들(후에 모건 그룹이라고 불리게 된다.)은 '파리방'에서 20세기 유전학의 금자탑을 이루었다.

파리방에서의 나날들

파리방에서는 대장인 모건을 필두로 여러 명의 제자들이 연구 활동을 펴나갔다. 제자인 브리지스, **멀러**, **스터티번트** 등은 책상에 다리를 올려놓은 채 담배를 피우면서 농담을 주고받기도 하고 때로는 입에서 침이 튈 정도로 맹렬한 논쟁을 하기도 했으며 몇날 며칠 잠을 자지 않고 실험을 거듭하기도 했다. 멤버 전원이 한 테마에 매달려 논의하고 논쟁하며 결론을 모색했다.

허먼 조셉 멀러
(1890~1967)
미국 유전학자. 1927년 X선을 쪼이면 초파리가 돌연변이 한다는 것을 증명하고 그 공적을 인정받아 1946년 노벨 생리의학상을 받았어요. 모건 그룹이 거둔 대부분의 공적에 멀러의 공이 아주 컸는데 후엔 개인의 공이 그룹 전체의 것이 되어버려 자기 명예가 부당하게 무시되었다며 스승인 모건의 자세를 비판하기도 했어요.

"이 팀은 하나가 되어 일을 했다. … 새로운 결론이 나올 때마다 자유롭게 토론했다. 선취권이라든가, 새로운 착상, 새로운 해석이 누구에게서 나왔는가 하는 것은 거의 문제가 되지 않았다."라고 제자 중 한 사람인 스터티번트는 당시의 모습을 이야기했다. 필시 연구자의 이상향이라고도 할 만한 환경이었던 것 같다. 그리고 그곳에서 무서울 정도로 대단한 성과가 줄지어 나왔다. 그 어느 것이나 최상급의 업적들뿐이었다.

알프레드 헨리 스터티번트
(1891~1970)
미국 유전학자이자 데이터 해석능력이 뛰어난 동문 최고의 영재였어요. 유전자간의 거리가 떨어져 있을수록 유전자의 재편성 비율이 높아진다는 것을 발견함으로써 염색체 지도라는 큰 사업의 계기를 만들었어요.

그러나 그 중에서도 가장 위대한 발견은 유전자가 직선으로 늘어서 있고 재편성 비율에 따라 유전자 간의 상대적인 거리를 정밀하게 측정할 수 있는 방법일 것이다. 이 아이디어는 애초에 스터티번트의 것이었으나 앞에서 기술한 것처럼 한 사람의 아이디어는 곧 전원의 토론과 검증을 거쳐 그룹 전체의 것이 되었다. 그래서 이 아이디어는 늘어선 염색체에서 유전자의 장소를 나타낸 '염색체 지도'로 결실을 맺었다.

모건, 노벨상을 수상했지만

1933년 모건은 유전학자로서는 최초로 노벨상을 수상했다. 수상한 사람은 모건 한 사람이지만 노벨상과 함께 주어지는 4만 달러의 상금을 그는 제자들과 함께 균등하게 나눠썼다. 상을 받은 것은 그룹 전체의 업적이라고 생각했던 것이다.

모건은 쑥스러운 일을 잘 못하는 사람이었다. 평소에도 옷차림에는 별로 신경을 쓰지 않아 벨트가 없으면 끈으로 묶고 다닐 정도였다. 웃옷의 단추가 몇 개 떨어져 있건, 몇 개가 남아 있건 전혀 신경 쓰지 않았다. 셔츠의 구멍에 종이를 잘라붙이고 다닐 정도였다. 너무나 초라한 행색 때문에 청소부라고 오인받은 일도 여러 번 있을 정도였다.

그런 그가 스톡홀름의 수상식 참가를 거절했다. 또한 수상 강연도 다음 해로 연기해 버렸다. 수상식에 참석하지 않은 이유는 하고 있는 중요한 연구가 많아 이곳을 비울 수가 없기 때문이라는 것이었다. 그러나 이것은 어디까지나 공식적인 구실이었다. 사실은 자기들의 연구가 현상 해석에만 의존하고 있고 세포학적 증거를 찾지 못했다는 것을 깨달았기 때문으로 추측되었다. 왜냐하면 당시 초파리 유충의 타액선 세포에서 줄무늬 모양을 한 거대한 염색체를 발견했기 때문이다. 이 줄무늬는 유전의 소재와 관련이 있다고 생각되었다. 과연 모건의 염색체 지도는 이 거대 염색체인 줄무늬와 일치할 것인가? 만약 양자의 위치가 다르다면 그의 연구는 간단하게 뒤집히고 만다. 모건은 그것을 걱정했다. 즉 미처 증명도 확인도 하지 못한 사실이 그의 발걸음을 막아섰던 것이다.

다른 한편으로 볼 때 사실은 턱시도 정장을 입기 싫었기 때문이었는지도 모른다. 그에게는 무대 위에서 국왕과 악수하거나 만찬회에 참석하는 것보다는 다 해진 옷을 입고 실험에 몰두하는 편이 훨씬 행복했던 것 아닐까.

어쨌든 그 후 제자인 브리지스는 염색체 모양과 유전자 지도가 일치한다는 것을 판명하였다. 모건도 크게 안심했던 것 같다. 이듬해에 열린 노벨상 수상 강연 테마는 '의학과 생리학에 대한 유전학의 공헌' 이었다. 그가 받은 상이 생리 · 의학상이므로 의학을 테마로 하지 않을 수 없었다. 그러나 의학에 대한 것은 겉치레에 지나지 않았고 실제 강연 내용은 유전에 대한 이야기뿐이었다. 마지막까지 그는 스스로를 실험발생학자로 생각했다.

코페르니쿠스

지동설의 진짜 주인공은 누구인가

우리는 흔히 지동설 하면 코페르니쿠스를 생각하죠.
하지만 지동설이라는 하나의 학설이 제기되고 증명되고 사실로 굳어지기까지는
수많은 과학자들의 노력이 있었답니다.
제일 처음 천동설에 의문을 갖기 시작한 고대 과학자 아리스타르코스,
정밀한 관측으로 지동설에 대한 증거를 찾으려했던 티코 브라헤,
지동설을 주장하다 화형까지 당한 지오다노 브루노,
그리고 지동설을 주장하다 모진 고문을 받아야 했던 갈릴레이 등,
지동설을 위해 노력한 과학자들의 공로와 노력을 기억하세요.

고대의 코페르니쿠스

니콜라스 코페르니쿠스
(1473~1543)
폴란드 출신 천문학자예요. 고대 천문학자인 아리스타르코스의 영향을 받아 지동설을 주장했어요. 저서로 《천체의 회전에 대하여》가 있어요.

'지구는 둥글고 달과 태양도 둥글다.'

그 옛날, 사람들은 우주의 중심은 지구고 그 주위를 태양과 달과 행성이 돌고 있다고 믿었다. 그러나 **코페르니쿠스**는 이 같은 믿음을 뒤흔드는 충격적인 학설을 발표했는데 그것은 지구가 아닌 태양이 우주의 중심이라는 학설이었다. 옛날 사람들은 천체를 관측할 충분한 기구와 지식이 없었기 때문에 눈에 보이는 현상에 속아왔지만 코페르니쿠스만큼은 거기에 속지 않았던 위대한 사람이다.

그렇다면 태양이 우주의 중심이라는 의문은 코페르니쿠스에 의해 처음 제기된 것일까? 그렇지 않다. 고대 그리스나 이집트에서도 그런 의문은 제기되었다. 고대인들에게 자신들이 살고 있는 세계가 어떻게 생겼는지, 우주는 어떻게 생겼는지 하는 것은 대단한 관심사였다. 때문에 많은 사람들이 이에 대한 갖가지 견해를 내놓았고 그 견해를 남에게 설명하고 납득시키기 위해 그 나름의 증거를 제시했다.

예를 들면 아리스토텔레스는 '지구는 둥글다.' 고 주장했는데 그 증거로 월식 때 달에 비치는 지구의 그림자가 둥글다는 것, 혹은 항구로 다가오는 배는 돛대의 끝부터 보인다는 것을 지적했다. 이렇게 기원전 그리스에서는 지구가 둥글다는 것, 달은 태양의 빛을 받아 빛난다는 것을 당연한 이치로 여겼다.

그러나 한편으로는 '세계의 중심은 지구고 태양은 그 주위를 돌고 있다.' 는 주장도 여전히 제기되었다. 이때, 이런 주장들에 이의를 제기하고 이를 합리적으로 증명하고자 노력한 사람이 있었으니 그가 바로 '고대의 코페르니쿠스' 로 불리는 **아리스타르코스**였다.

아리스타르코스
(기원전 310~기원전 230)
에게해 사모스 출신 천문학자예요. 태양의 주위를 모든 혹성이 원 궤도로 돈다고 처음으로 주장했어요. 당시 그의 주장은 천동설을 당연시 여기던 종교계에 큰 혼란을 주었어요. 결국 그의 견해는 종교적으로 탄압받았고 그의 저서는 오랫동안 숨겨져 왔답니다. 1800여 년이 지난 뒤에야 그의 주장은 코페르니쿠스에 의해 다시 부활되었어요. 그의 저서로는 《태양과 달의 크기와 거리에 대하여》가 있어요.

아리스타르코스는 기원전 310년경 에게해의 사모스 섬에서 태어나 이집트의 알렉산드리아에서 활약했다. 그는 기원전 500백 년경에 발표된 피타고라스와 그 제자들의 견해, 즉 '지구는 태양의 중심을 돌고 있다.' '화성과 금성은 태양 주위를 돌고 있다.' 는 주장에 강한 영향을 받았다.

태양의 크기를 측정하다 의문을 품다

아리스타르코스가 처음부터 태양이 세계의 중심이라는 것을 확신했거나 그것을 증명하려고 했던 것은 아니다. 실제로 그가 궁금해 했던 것은 태양과 달과 지구의 상대적인 거리였다.

즉 달과 태양 가운데 어느 쪽이 더 멀리 있는가? 대체 그들의 거리는 몇 배에 달하는가? 그런 것이 알고 싶었던 것 같다.

당시도 달이 태양의 빛을 받아 빛나고 있다는 것은 일반적인 상식이었다. 그러므로 달이 차고 기우는 것은 태양과 달과 지구의 위치관계로 설명되었다.

아리스타르코스는 달이 '반달' 상태일 때 이들 사이에 있는 상대적인 거리를 측정할 수 있다고 생각했다. 반달일 때 이들의 위치는 직각삼각형이다. 그리고 지구에서 본 달의 방향과 태양의 방향 사이의 각을 측정하면 삼각형의 형태임을 알 수 있다. 이렇게 하면 구체적으로 태양까지 몇 킬로미터, 달까지 몇 킬로미터인지는 알 수 없지만 상대적인 거리는 구할 수 있을 것이라고 생각했다.

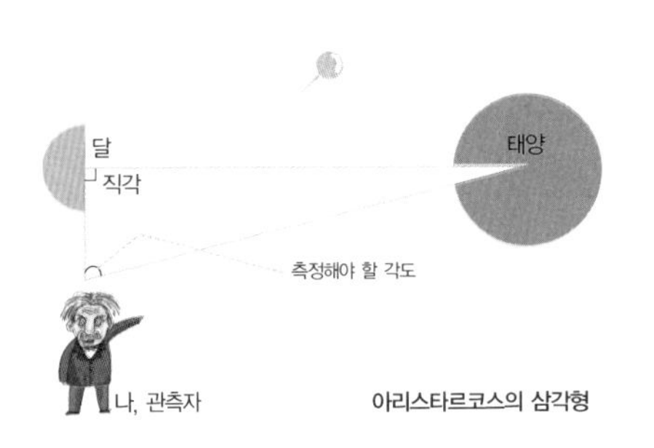

아리스타르코스의 삼각형

그는 실제로 측정해 보았다. 그러자 각도는 87도, 지구와 태양의 거리는 달과의 거리의 19배라는 결론이 나왔다. 최근의 과학적 측정으로 밝혀진 실제 각도는 거의 직각인 89도 50분이고, 거리는 약 400배다. 따라서 아리스타르코스의 측량은 지금으로부터 2천 2백 년 전의 측량기술로는 대단히 정확한 것이라고 할 수 있다.

또한 아리스타르코스는 상대적인 거리를 알았으므로 태양과 달의 외견상 크기(시직경)를 측정하여 그 용적(물건을 담을 수 있는 부피)을 계산했다. 그 결과에 따르면 달은 지구의 약 25분의 1(실제로는 49분의 1), 태양은 지구의 300배(실제로는 130만 배)였다. 시직경 측량에서 상당한 실수를 범해 실제와는 큰 차이가 나고 말았지만 대략적인 경향은 파악할 수 있었다.

이런 실험들을 계속해 나가는 과정에서 아리스타르코스는 지구보다 훨씬 큰 태양이 작은 지구 주위를 돌 수 있을까 하는 의문을 갖기 시작했다. 그리고 그는 감각적으로 그런 일은 일어나지 않을 것이라고 생각하고 태양을 우주의 중심에 놓아야 한다는 결론을 내렸다.

당시의 측량 기술로 태양이 지구의 300배가 넘는 크기였다고 측정했는데, 300배가 큰 태양이 조그만 지구 주위를 돈다는 것은 아무래도 모양이 이상하네요. 조그만 아이의 주위를 그 아이보다 300배나 큰 어른이 돌고 있다면 글쎄, 몇 걸음만 옮겨도 한 바퀴가 되지 않을까요. 아리스타르코스는 달과 지구, 태양 간의 거리를 재려는 여러 가지 실험을 하면서 이런 의문을 품은 것이죠.

서재에서 부활시킨 지동설

아리스타르코스 시대를 지나 약 1800년 후, 폴란드에 한 목사가 있었다. 이름은 니콜라스 코페르니쿠스. 코페르니쿠스는 그때까지 **프톨레마이오스**와 기독교가 강요한 '지구가 우주의 중심'이라는 세계관에 강한 의심을 품고 그때까지 부정되어 왔던 태양 중심의 세계관을 부활시켜 더욱 간결한 세계의 체계를 만들기 위해 노력했다.

프톨레마이오스
(?~?)
고대 그리스 천문학자예요. 지구가 우주의 중심이라고 믿었어요. 그러니까 태양도 지구 주위를 돌고 있다는 생각을 한 거죠.

그러나 코페르니쿠스가 스스로 천체를 관측하고 거기에서 얻어진 결과로 새로운 틀을 짜나간 것은 아니었다. 그는 고대의 이론에 상당히 정통해서 서재에서 그것들을 부활시켰다고 하는 것이 옳을 것이다. 그는 특히 아리스타르코스나 피타고라스파의 견해에 강한 영향을 받았다.

또 코페르니쿠스의 등장으로 천동설이 하루아침에 지동설로 바뀌었다고 생각하는 경우가 많은데 사실은 그렇지 않다. 실제로 변화는 천천히 그리고 여러 사람의 노력으로 이루어졌다.

지동설을 향해 전진하는 사람들

코페르니쿠스 바로 뒤에 등장한 사람이 덴마크의 천문학자인 **브라헤**였다. 그는 당시 최고로 알아주는 관측가였다. 망원경이 발명되기 전 시대였음에도 불구하고 그는 독자적인 아이디어로 관측기를 만들어 상당히 정밀한 관측을 해냈다. 그의 관측 결과는 그 후 그의 조수이자 제자였던 케플러로 이어져 행성의 궤도는 타원궤도라고 하는 케플러 법칙으로 나타났다.

티코 브라헤
(1546~1601)
덴마크 출신 천문학자예요. 망원경이 발명되지 않았던 시절에 독자적인 천문기기를 만들어 수많은 발견을 이루어냈어요. 브라헤의 멋진 삶에 대해서는 뒤에 자세히 이야기해 드릴 게요.

그러나 브라헤 자신은 유명한 관측가였지만 그가 만든 우주 체계는 여전히 지구 중심의 것이었다. 그는 코페르니쿠스의 지동설에 찬성하지 않았다. 그러나 고대의 천동설과도 견해를 달리했다. 그는 지구의 주위를 태양이 돌고 있고 나머지 행성들은 다시 태양의 주위를 돈다는 독자적인 지구중심설을 주장했다. 소위 천동설과 지동설의 절충안 같은 것이라고 할 수 있다.

그러니까 지구 외에 나머지 행성들이 태양의 주위를 돈다는 견해는 지동설에 가깝고 그 태양이 지구의 주위를 돌고 있다는 것은 천동설에 가깝네요. 그야말로 절충안이네.

또 브라헤와 같은 시대에 지오다노 **브루노**라는 사람이 살고 있었다. 이탈리아의 철학자인 그의 우주 체계는 완전한 지동설이었다. 그의 주장은

지오다노 브루노
(1548~1600)
이탈리아 출신 철학자예요. 지동설과 같은 견해를 주장하다가 화형 당했어요. 저서로는 《무한, 우주와 모든 세계에 대하여》가 있어요.

다음과 같은 것이었다.

'태양의 주위를 지구가 돌고 있을 뿐 아니라, 태양 자체가 운동하고 있다. 또한 다른 행성은 각각 태양계와 같은 계를 이루고 있으며 우주에 부동의 중심이라는 것은 없다. 우주는 무한하다.'

현재의 우주론에 가까운 이 견해는 당시의 기독교 세계관과 모순된 것이었고 이런 이유로 브루노는 8년간의 옥살이 끝에 1600년에 화형 당했다.

우주의 비밀을 밝히기 위한 이런 고난은 후대의 케플러나 갈릴레이에게 길을 열어주는 역할을 하였다. 갈릴레이는 자신이 발명한 망원경으로 지구는 태양의 주위를 돌고 있는 한낱 행성에 지나지 않는다는 것을 알게 되었다. 갈릴레이는 1610년 《별의 사자》에서 코페르니쿠스의 견해가 옳다고 발표했다. 그러자 교회 측은 갈릴레이의 주장이 터무니없는 것이라고 못박고 갈릴레이로 하여금 그 같은 사실이 거짓임을 인정할 것을 종용했다. 그래도 갈릴레이는 이를 포기하지 않고 1632년 다시 한번 코페르니쿠스의 주장을 뒷받침하는 저서를 발간했다. 교회 측은 즉시 갈릴레이를 이단으로 규정하고 모질게 고문했다. 갈릴레이는 고문에 못 이겨 자신의 주장을 철회했지만 '그래도 지구는 돈다.' 라는 유명한 말을 남겼다.

갈릴레이는 자신의 저서를 통해 지동설을 지지하였기 때문에 남은 여생을 굉장히 힘들게 살았어요. 그가 죽은 후에는 묘비를 세우는 것도 장례를 지내는 것도 허용되지 않았죠. 그가 지동설을 지지하는 내용을 담은 책 '천문학 대화'는 그가 죽은 지 2백여 년이 지난 후인 1835년이 되어서야 금서에서 풀렸답니다. 당시에 지동설에 대한 교회측의 탄압과 감시가 얼마나 심했는지 알 수 있겠죠?

그러나 여러 학자들의 희생과 노력이 있었음에도 불구하고 지구가 태양의 주위를 돌고 있다는 직접적인 증거는 오랫동안 발견되지 않았으며 최종적으로 1838년 베셀에 의해 연주시차의 측정으로 확인될 때까지 기다려야 했다. 갈릴레이가 사망한 지 약 200년, 코페르니쿠스가 사망한 지는 약 300년이 지난 후의 일이다.

멘델

제일 형편없는 과목은 생물이었다

유전학의 대표주자인 멘델이 교원임용시험에 두 번이나 낙방했었다는 것 알고 계셨어요?
더구나 낙방 이유가 바로 생물 점수가 나빠서라는군요. 에이, 말도 안돼, 이렇게 말씀하실 분 많죠?
저도 그렇네요. 그나저나 멘델은 왜 생물을 못했을까요?

'유전' 하면 **멘델**을 떠올리게 된다. 그가 수도원 사제(가톨릭의 주교나 신부님을 사제라고 해요.)였다는 것도 이미 알려진 사실이다. 그러나 멘델은 사제 일에 서툴렀으며 두 번의 교원채용 시험에 낙방해 교사가 되지도 못했다. 게다가 낙방의 원인은 생물학 점수가 나빴기 때문이다.

요한 멘델
(1822~1884)
오스트리아 출신 생물학자예요. 완두콩을 이용한 유전실험을 통해 유명한 멘델의 법칙을 발견했어요. 멘델의 법칙은 발표 당시엔 아무도 주목해 주지 않았고 1900년에 이르러서야 인정을 받았다고 하네요.

생활 형편 때문에 선택한 직업

그는 가난한 농가에서 태어났다. 끈기 있는 노력 덕분에 학교 성적은 좋은 편이었다. 그는 어렸을 때부터 공부하는 것을 좋아했고 부모도 지원을 아끼지 않았다. 그러나 아버지가 큰 사고를 당해 일을 할 수 없게 되자 집안 형편이 너무 어려워져 한때는 공부를 포기해야 할 정도였다. 이때의 일을 멘델은 "희망이 허무하게 무너져 가는 것을 지켜보는 고뇌, 자신을 기다리고 있는 비참한 미래에 대한 불안 초조, 이러한 것들에 밤낮없이 시달리며, …"라고 쓰고 있다.

이 위기는 다행히 그의 누이동생이 결혼 자금을 학비로 제공해 줌으로써 넘어갈 수 있었다. 그 결과 김나지움(우리나라의 고등학교에 해당하는 독일의 중등학교예요.) 철학과 2학년 과정을 마칠 수 있었다. 그는 이 과정에서 종교학, 철학, 순수수학, 물리학, 라틴어 등을 필수과목으로 선택했다. 그는 물리학에 흥미를 보였지만 자유선택과목인 박물학(박물학은 생물학의 전신이에요.)은 배우지 않았다.

김나지움을 마친 후 멘델은 물리학 교수의 소개로 브륀의 수도사로 취직하게 되었다. 더 이상 공부는 불가능했다. 당시 심정을 멘델은 이렇게 적어두고 있다.

"이렇게 고생스런 생활을 더 이상 지속한다는 것은 도저히 견딜 수 없는 일이었다. 그래서 지긋지긋한 생활고에서 벗어날 수 있는 직업에 종사하는 수밖에 없다는 것을 깨달았다. 집안 형편이 내 장래의 직업을 결정했다."

수도사 멘델에서 교사 멘델로

신학교 2학년 때 멘델은 사제가 되었다. 성실하고 노력하는 타입이었음에도 불구하고 멘델은 '사제'라는 직업에는 어울리지 않았다. 사제가 되면 사람들의 괴로운 모습을 늘 보아야 한다. 그는 이 고통을 견딜 수 없었다. 수도원장에게 보낸 서신 중에 "환자를 방문할 때 아파서 괴로워하는 모습을 잠깐 본 것만으로도 갑자기 참을 수 없는 공포에 사로잡히고, 전에는 그 때문에 저 자신이 심한 병을 앓은 일도 있어…"하는 문장이 나온다.

그래서 원장은 멘델을 새로 생긴 김나지움의 임시 교사로 파견했다. 교사라는 직업은 멘델에게 잘 맞았던 듯 평판이 매우 좋았고 동료와 학생들에게도 존경을 받았다. 그리고 주위로부터 정식 교사가 되라는 권유를

받고 드디어 교원채용시험을 치르게 되었다. 그러나 대학에서 배운 적도 없고 필요한 지식의 대부분을 혼자서 공부한 멘델에게 시험은 매우 어려웠다. 자신 있는 물리학 쪽은 그래도 정답을 쓴 것 같지만 박물학 시험은 차마 눈을 뜨고 볼 수 없을 정도의 결과였다.

'포유류를 분류하여 이용 가치를 나타내시오.' 하는 문제에 대한 시험관의 평가는 '마치 초등학교 학생의 대답을 방불케 하는…' 이라고 한데서 알 수 있듯이 형편없는 것이었다.

당연히 낙방을 했지만 당시 물리학 시험관은 그의 자연과학에 대한 재능을 인정했다. 그리고 수도원 원장에게 멘델을 대학에서 교육시키는 것이 좋겠다고 추천해 주었다. 이렇게 해서 멘델은 빈 대학에서 청강생으로

2년간 공부하게 되었다.

이렇게 공부를 한 멘델은 다시 교원채용시험에 도전했다. 그러나 결과는 이번에도 불합격이었다. 불합격한 이유는 알려지지 않았다. 시험을 볼 때 식물학 교수와 논쟁을 했다는 사람도 있지만 확실치 않다. 그러나 확실한 점은 이 시험에서 떨어진 직후부터 멘델은 완두콩을 이용한 그 유명한 교배 실험을 시작했다는 것이다. 그리고 두 번 다시 교원채용시험은 보지 않았다.

멘델은 박물학에 대한 지식이 없었다. 그러나 지식이 없었기 때문에 오히려 그때까지의 상식에 얽매이는 일 없이 자유롭게 생각할 수 있었다. 멘델은 학력이 낮았기 때문에 창의적 사고로 새로운 방법을 시도해 큰 발견을 이뤄낸 것이다.

인정받지 못한 연구

멘델은 8년에 걸친 완두콩 교배 실험을 통해 유명한 **멘델의 법칙**을 발견했다. 그러나 발표 당시에는 아무도 인정해 주지 않았다. 멘델의 논문은 당시의 생물학적 상식으로 볼 때 함량 미달이었다. 당시의 생물학에서는 얻어진 결과를 전부 열거하며 많은 분량을 기술하는 것이 일반적이었다.

멘델의 법칙
유전방법에 대한 법칙이에요. 이 법칙이 밝혀지기 전에는 부모로부터 자식으로 이어지는 유전 방법은 막연하게 '닮는다'고 생각되었죠. 멘델의 법칙은 분리의 법칙, 우성의 법칙, 독립의 법칙 등 세 법칙으로 구성되어 있어요.

그러나 멘델은 얻어진 데이터를 통계학적으로 처리, 간결하게 정리하여 명확한 결론을 내었다. 오늘날 이 방법은 당연한 것이지만 당시의 연구자들에게는 통용되지 않았다. 흔히 말하면 멘델은 너무 앞서 갔던 것이다. 시대가 그를 이해하는 데는 그 후로도 35년이라는 세월이 걸렸다.

히파르코스에서 러셀까지

별의 비밀을 푼 과학자들

별의 밝기, 별의 색깔, 별의 크기, 별의 위치 등을 관찰한다는 건 멋진 일 아닐까요? 별을 사랑하는 과학자들은 아주 오래전부터 별의 비밀을 밝히기 위해 노력해 왔어요. 고대 히파르코스에서 현대의 러셀까지, 별 연구에 전 생애를 걸었던 많은 과학자들을 만나 보아요.

매일 바삐 살아가다 보면 생활에 여유가 없어 자연 같은 것은 잊어버리고 산다. 게다가 오늘날의 도시는 자연과 점점 멀어지는 실정이다. 아주 오래전 사람들은 자연의 아름다움을 마음껏 누리며 하늘 가득 반짝이는 별을 보면서 살았을 것이다.

옛날에는 별을 어떻게 생각했을까? 그것은 지역이나 민족에 따라 상당히 다르다. 어떤 사람들은 거기에서 신을, 어떤 사람들은 죽은 사람의 혼을 보았다.

별을 관찰해 보자

그럼 지금부터 여러분도 옛날 사람이 된 기분으로 별을 자세히 관찰해 보라. 옛날 사람과 같은 조건이어야 하므로 망원경 같은 것은 사용하지 말아야 한다. 오로지 자기의 눈으로 뚫어지게 바라보는 것이다. 많은 별을 보면서 무엇을 느꼈는가.

우선은 밝기일 것이다. 별은 밝은 것과 어두운 것이 있다. 다음은 별의 색이다. 별은 빨간 것과 파란 것, 하얀 것이 있다.

혹은 크기가 다르다고 하는 사람도 있을지 모른다. 보기에는 확실히 다르다. 그러나 이것은 밝기의 차이다. 밝은 것일수록 크게 보이고 어두운 것일수록 작게 보인다. 원래 별은 아주 멀리 있으므로 크기의 차이는 알 수 없다. 별에 크기가 있다는 것은 그야말로 눈의 착각이다.

또 긴 세월에 걸쳐 별을 관찰하다보면 움직이는 것도 존재한다. 대부분의 별은 전혀 위치를 바꾸지 않는데 몇 개의 별은 위치를 바꾼다. 이 별들은 사람들을 매혹시키기 때문에 혹성(=행성)이라고 한다. 행성은 이렇게 밤하늘에서 자꾸자꾸 위치를 바꿔나가므로 예로부터 특별히 취급되었다. 그러므로 여기에서도 좀 특별히 다루도록 하자.

별의 밝기와 색에 대한 기록

옛날에는 별에서 밝기와 색 정도만 관찰할 수 있었다. 별의 밝기에 대해 처음으로 기록을 남긴 사람은 기원전 2세기 그리스의 **히파르코스**였다. 지금으로부터 대략 2200년 전의 일이다. 히파르코스는 별 밝기의 기준과 단위도 생각해 냈다.

히파르코스
(?~?) 그리스 천문학자이자 수학자예요. 처음으로 별의 목록을 작성한 것으로 유명하죠.

그는 별의 밝기를 6단계로 나누어 가장 밝은 별의 그룹을 1등성, 가장 어두운 별의 그룹을 6등성이라고 했다. 이 '등성' 혹은 '등급'이라는 단어는 지금도 사용하고 있다.

별의 색에 관한 최초의 기록은 확실치 않지만 대표적인 고대 기록은 2세기경 이집트 알렉산드리아에서 활약했던 프톨레마이오스라는 사람이 남긴 것이다. 그의 저작 《알마게스트》는 후대에도 아주 큰 영향력을 미친 과학서인데 거기에서 그는 큰개자리의 시리우스가 빨갛다고 표현했다. 그러나 이것은 사실과 다르다. 실제로 시리우스

를 찾아보라. 시리우스는 하늘에서 가장 밝은 별이므로 곧 찾을 수 있다. 겨울의 대표적인 별자리인 오리온자리 바로 왼쪽 아래에서 빛나는 별이 그것이다. 오늘날 시리우스를 보면 하얗게 보인다. 따라서 《알마게스트》의 기록과는 명백히 모순이 생긴다. '옛날에는 빨갰는데 시대와 함께 하얗게 변했다.' 라든가 '프톨레마이오스는 다른 별을 시리우스라고 불렀다.' 등등 오늘날에도 논의가 끊이지 않고 있는 것 같은데 아무래도 후에 사본(寫本)을 만들 때 잘못 옮겨 적은 것이 아닐까 하는 이야기가 유력하다. 또 별의 색에 대한 기록은 그밖에도 바빌로니아와 앗시리아 등에도 남아있다.

별의 비밀을 푼 사람들

천문학이라는 학문은 다른 학문에 비해 상당히 제약이 많다. 실물을 만져볼 수 없으므로 직접 조사할 수도 없고 또 실험할 수도 없다. 그러므로 직접 관측해서 얻을 수 있는 것, 즉 별의 밝기나 색으로 간접적인 정보를 끌어내어 조립하는 것이다.

구체적으로는 별의 밝기에서 별이 내고 있는 에너지의 양을 추측해 낼 수 있고 별의 색에서 별의 표면 온도 등을 알 수 있다. 이런 간접적인 정보를 끌어낼 수 있게 된 것은 19세기 이후의 일이다. 히파르코스 때부터 생각한다면 실로 2000년쯤 되는 긴 세월이 걸린 진보다.

그러나 인간이란 욕심이 많다고 해야 할지, 호기심이 많다고 해야 할지, 한 가지를 알아내면 여러 가지를 더 알고 싶어 한다. 그러나 별에서 얻을 수 있는 정보는 그것뿐이다. 그 이외의 정보는 물구나무서기를 해도 얻지 못한다. 이런 난관에 봉착했을 때 여러분이라면 어떻게 하겠는가?

20세기 초입인 1905년에 이 상황을 해결한 사람이 있었다. 그가 바로 덴마크의 **헤르츠스프룽**이다. 그는 별의 밝기와 색을 조합해 보았다. 그러니까 색의 차이를 세로축으로, 밝기의 차이를 가로축으로 하여 그래프를 그려 본 것이다. 그러자 놀랍게도 별의 배열에 규칙성이 있는 것이 아닌가.

헤르츠스프룽
(1873~1967)
덴마크 출신 천문학자예요. 별의 색과 밝기에 대한 연구를 했는데 이 연구는 별들을 각각의 색깔과 절대밝기의 관계에 따라 분류한 것으로 현대 천문학의 토대를 이루는 중요한 연구였죠.

또 그래프 상에서 별의 위치로 보면 별은 크게 두 그룹으로 나뉜다는 것을 발견하여 논문을 썼다. 그러나 그의 논문은 많은 천문학자들에게 무시당했다.

이와는 별도로 1913년 미국의 **러셀**이라는 사람이 비슷한 시도를 했다. 결과는 물론 똑같았다. 러셀은 이 그래프로 별의 크기를 알 수 있다는 것을 발견하였다. 그는 이들 두 그룹에 이름을 붙였다. 빨갛고 밝은 그룹을 '거성', 파랗게 밝은 것에서 빨갛고 어두운 것까지 그래프 상에서 띠 모양으로 분포하는 그룹을 '왜성'이라고 했다. 그리고 그는 갓 생겨난 별은 거성 부분에 위치하다가 이윽고 왜성으로 진화

헨리 러셀
(1877~1957)
미국 천문학자예요. 별의 색과 밝기에 대한 연구를 통해 20세기 천문학 발전에 많은 공을 세웠어요.

한다고 생각했다.

현재의 이론으로 보면 이 가설은 정반대로 왜성에서 거성으로 진화한다고 생각되고 있다. 그러나 두 개의 관측량을 조합시켜서 별의 새로운 성질을 파악했다는 것, 그래프 상에서 그룹으로 나뉜 별을 진화의 단계와 연결시켜 생각하려고 했다는 것은 대단히 발전한 생각이었다. 그들의 이런 업적을 기려 현재 이 그래프는 헤르츠스프룽 – 러셀도(HR도)라고 불리고 있으며 천문학을 공부하는데 가장 기초적이면서도 중요한 것이 되었다.

그 후 HR도는 여러 성단(星團)에 대해 작성되었고 이러한 연구를 통해 별의 진화와 질량에 대한 많은 정보를 얻을 수 있게 되었다.

이렇게 별의 밝기와 색은 아무런 도구 없이도 관찰할 수 있는 초보적인 것이지만 그것은 별의 탄생과 죽음이라는 우주의 핵심을 캐는 가장 중요한 열쇠가 되었다.

파스퇴르에서 밀러까지

생명의 기원을 밝히려는 과학자들

다윈은 모든 생물이 진화해서 생겨났다고 하는 '진화론'을 폈어요. 그렇다면 가장 최초의 생물은 어떻게 생겨난 것일까요. 최초의 생물이 있어야 진화를 할 것이고 진화를 해야 오늘날 같은 생물들이 만들어질 텐데요. 많은 과학자들이 이 문제를 풀기 위해 머리를 싸맸지만 이를 명쾌하게 풀어낸 사람은 한 대학원생이었죠. 모두들 너무 어려울 것 같아 시도조차 하지 못했던 실험을 밀러라는 대학원생은 '그냥 해보지 뭐!' 라는 모험 정신으로 시도했고 획기적이고 놀라운 실험 결과를 얻어냈어요. 다윈에서 출발해 파스퇴르와 오파린, 유리를 거쳐 밀러에게 이어진 생명 연구의 바통은 지금도 여러 과학자들에게 이어지고 있답니다.

파스퇴르
(1822~1895)
프랑스 미생물학자예요. 오랜 논쟁의 대상이었던 미생물의 자연발생을 부정하고 미생물로 인해 발효와 질병이 발생할 수 있음을 증명해 논쟁에 종지부를 찍었어요. 닭콜레라 백신, 광견병의 예방 등 위대한 업적을 많이 남긴 학자예요. 저온 멸균법을 고안하기도 했어요.

1861년 **파스퇴르**는 미생물조차도 자연적으로 솟아나는 것이 아니라는 사실을 실험으로 증명했다. 이 일로 2년 전에 진화론을 발표한 다윈은 새로운 문제를 짊어지게 되었다. '생명의 기원' 이라는 문제였다. 지구상에 존재하는 모든 생물이 진화에 의해 생겨났다면 가장 최초의 생물은 어떻게 생겨난 것일까?

그때까지는 미생물 같은 간단한 생물은 어떤 우연에 의해 생겨난 것이라고 생각했다. 그리고 거기에서 보다 복잡한 동식물로 진화해 온 것이라고 보았다. 그것을 파스퇴르가 부정해 버렸다. 또 연구가 더 진척되자 단순한 미생물이라고 해도 그 세포의 내부는 상당히 복잡한 구조가 있다는 것을 알게 되었다.

생물이 생기려면 그 재료인 단백질과 핵산 등 복잡한 유기물이 필요하다. 그러나 유기물은 대부분 식물의 광합성에 의해서만 생겨난다. 그러면 '생물이 생기기 위해서는 유기물이 필요한데 그 유기물은 생물이 없으면 생기지 못 한다.' 는 것이 된다. 즉 '닭이 먼저냐, 달걀이 먼저냐.' 하는 것과 똑같은 모순에 빠진다.

1871년 다윈은 친구인 식물학자 후커에게 다음과 같은 편지를 썼다.

"암모니아, 인산염, 빛, 열, 전기 등이 존재하는 어딘가 따뜻한 연못 안에서 단백화합물이 화학적으로 생성되고 다시 더 복잡한 변화를 해나간다." 다윈의 이러한 생각은 후대의 연구로 보면 상당히 핵심을 찌른 것이었다.

알렉산드르 오파린
(1894~1980)
러시아 생화학자예요. 생명 기원 연구에 몰두해 놀라운 업적들을 많이 남겼어요. 그는 연구를 통해 한 시기에 지구상에서 형성된 탄화수소가 질소, 산소와 반응해 먼저 간단한 유기화학물을 만들고 이것이 변해 원시생물이 됐다고 주장했어요.

오파린과 진화론

그리고 반세기가 지난 1922년, 러시아 모스크바 대학을 갓 졸업한 젊은 과학자 **오파린**은 이 생명 기원 문제에 도전하고자 결심했다. 그는 고등학교 시절 존경하던 식물학자

티미랴제프
(1843~1920)
러시아 생화학자예요. 다윈의 진화론에 영향을 많이 받았어요. 모스크바 대학원 시절 다윈을 방문했는데 그 무렵 몸이 아파 방문객과 좀처럼 만나주지 않았던 다윈도 일주일 이상 현관 계단에 앉아 있던 이 러시아 학생과는 만나주었다고 하네요.

티미랴제프의 강의를 청강하고 감명을 받았다. 특히 다윈의 진화론 설에 매료되었다. 동시에 이 이론에 허점이 있다는 것을 깨달았다. '생명의 기원'에 대한 문제다.

'다윈은 책을 썼지만 최초 1장이 빠져 있다.'

오파린은 진화론에도 이 문제를 적용해 보았다. 진화론에 의하면 생물은 단순한 것에서 복잡한 것으로 진화해야 한다. 그러면 가장 원시적이고 하등한 생물이 지구 최초로 생겨난 생물에 가까운 종류라고 생각할 수 있다. 그래서 그는 하등한 생물의 성질을 조사해 보았다.

그때까지 지구 최초의 생물은 스스로 유기물을 만들

수 있는, 예를 들면 광합성 식물인 조류(藻類 · 수중생활을 하는 단순한 식물들)일 거라고 생각했다. 그러나 가장 원시적인 성질을 가진 것은 다른 생물이 만든 유기물을 먹는 세균류 쪽이었다. 세균이 최초의 생물이라고 하면 그것들이 어떻게 식물(유기물)을 얻었는가가 문제가 된다.

최초의 생명 탄생

오파린은 진화론의 견해를 더욱 확대했다. 그는 원시 지구에서는 태양의 에너지와 화산의 에너지로 무기물에서 간단한 유기물이 생기고, 더 복잡한 유기물로의 화학적 진화가 일어났다고 생각했다. 불안정한 화합물은 분해되고 안정된 유기화합물은 더욱 화합하고….

몇 억 년에 걸쳐서 원시의 바다 속에 갖가지 유기물이 만들어지고 그것이 재료가 되어 최초의 생명이 탄생했다는 것이다. 이 생물은 주위의 유기물을 먹고 증식하고 진화했다. 이렇게 오파린은 생명의 기원에 관한 모순을 해결해 나갔다.

1936년 오파린은 《생명의 기원》이라는 작은 책을 출판하여 세계의 과학자들을 놀라게 했다. 또 그와는 별도로 영국의 홀데인이라는 과학자도 비슷한 학설을 발표했다. 홀데인은 그 저서에서 원시 바다가 '뜨겁고 연한 스프'로 되어 있다고 썼다.

그러나 이것이 곧 실험적 연구로 이어지지는 않았다. 몇 억 년 이전

스탠리 밀러
(1930~)
미국 생화학자예요. 1950년 스승인 유리 교수와 더불어 무기화학 약품에 의한 유기물의 제조 실험에 성공했어요.

의 지구에서 단 한 번 일어난 현상이 시험관 속에서 재현되리라고는 아무도 생각하지 않았기 때문이다. 이러한 문제를 타개한 사람이 미국 대학원생 **밀러**였다

대학원생의 위대한 실험

1951년 시카고 대학의 한 교실, **유리** 교수가 대학원생들을 모아놓고 강의를 하고 있었다. 유리는 중수소 발견으로 노벨상을 수상한 유명한 화학자였는데 행성의 대기에 대해서도 전문가였다. 오늘 수업 내용은 태양계에 관한 수업이었는데 이야기가 빗나가 생명의 기원에 대한 이야기로 화제가 옮아갔다.

헤롤드 C 유리
(1893~1981)
미국 과학자예요. 1934년 중수소라는 수소의 동위원소 발견으로 노벨 화학상을 탔어요. 원자폭탄 개발의 핵심 인물이에요.

유리 교수는 원시 지구의 대기는 과연 어떤 상태였을까 하는 문제에 대해 이야기를 하면서 다른 행성의 대기로 추리해 보면 원시 지구의 대기는 수소, 메탄, 암모니아, 수증기 등으로 되어 있을 것으로 추정했다. 거기에 번개와 자외선 에너지로 생명의 재료가 되는 유기물이 형성되었을 가능성이 있다는 오파린과 비슷한 견해를 밝혔다. 그때 그 수업에는 대학을 갓 나온 밀러가 있었다.

대학원 2년 차에는 박사 학위 논문의 연구 테마를 정해야 했다. 밀러는 유리의 연구실을 방문하여 생명 기원에 대한 유리 교수의 생각을 실험으로 확인해 보고 싶다고 청했다.

유리는 기뻤지만 한편으론 불안했다. 원시 지구에서 오랜 시간 동안 일어났던 일을 실험실에서 재현해 낼 수 있을까? 실험 결과가 나오려면 몇 년이 걸릴까? 유리 교수는 밀러에게 좀더 쉬운 테마를 고르라고 권했다. 그러나 밀러는 그렇다면 다른 교수님에게로 가겠다는 뜻까지 비쳤다. 그의 결심이 그만큼 강했다.

유리 교수는 결국, 1년 후에 결과가 나오지 않으면 포기한다는 조건으로 실험을 인정했다. 유리 교수도 큰 기대를 한 것 같지는 않다. 다만 젊은 과학도의 열정에 감복해 실험을 허락한 것이리라.

아, 생명의 시작이여

밀러는 오파린과 유리의 논문을 자세히 읽고 또 읽으며 실험 계획을 세웠다. 어려운 테마를 선택한 밀러는 의외로 철저하여 아무도 지적을 할 수 없을 정도의 실험 장치를 만들었다. 밀봉된 유리 용기 속에 물 그리고 유리 교수가 생각한 원시 대기를 구성하는 메탄, 암모니아, 수소를 넣었다. 그리고 번개와 화산에 상당하는 방전과 열을 가하기로 하였다.

1953년 어느 날, 밀러는 실험 장치의 스위치를 눌렀다. 생명의 기원을 밝히기 위한 실험이 본격적으로 시작된 것이다. 전열기에서 물이 끓고

방전이 빠지직빠지직 하고 소리를 내기 시작했다. 몇 개월, 아니 어쩌면 몇 년이 걸릴지도 모르는 실험이었다. 밀러는 그러나 비밀이 완전히 벗겨질 때까지 실험을 계속하리라 굳게 다짐했다.

그러나 실험을 시작한 지 1주일도 지나지 않아 물이 붉은 색으로 변했다. 성분을 조사해 보니 생물의 재료가 되는 아미노산이 생성되어 있었다. 밀러의 실험은 예상 이상의 대성공을 거두었다.

몇 개월 후에 발표된 밀러의 박사 논문은 과학계에 큰 파장을 일으켰다. 그는 유리의 생각 그리고 오파린의 생각이 옳았다는 것을 실증적으로 증명해 보였다. 전 세계의 많은 과학자들이 이 '생명의 기원' 연구에 매달리게 되었다. 이런 혁명적인 실험은 밀러가 갖고 있던 젊은이의 대담함과 유리 박사의 풍부한 지식과 경험이 조화를 이루었기에 가능할 수 있었다.

생명의 기원에 대한 연구는 이것을 계기로 대단히 활발해졌고 또 그 내용도 큰 변화를 이루었다. 오늘날 오파린과 밀러에게는 이 분야의 개척자로서의 명예가 주어져 있다. 다윈에서 티미랴제프, 오파린, 유리, 그리고 밀러로 이어지는 100년 남짓한 세월에 걸친 연구의 바통은 현재 전 세계 많은 연구자들에게 이어져 크게 개화하고 있다.

갈릴레이는 피사의 사탑에서 실험을 했을까?

1590년 이탈리아인 갈릴레오 갈릴레이는 당시 26세로 이제 막 피사 대학의 전임강사가 된 수학·물리학 분야 연구자였다.

피사의 두오모 광장에는 1173년부터 건축하기 시작한 피사의 사탑이 있었다. 이 탑은 건설 도중 지반 침하로 기울어졌기 때문에 그 후 오랫동안 경사를 수정하면서 1356년에 완성되었다. 갈릴레이는 바로 그 사탑의 7층 발코니에 올라 하나의 탄환과 그 10배나 되는 무거운 탄환을 동시에 떨어뜨렸다.

광장에는 피사 대학의 교수와 학생을 비롯해 수를 헤아릴 수 없이 많은 군중이 모여서 지켜보고 있었다. 무거운 탄환 쪽이 먼저 떨어질 것이라는 것이 일반적인 예상이었다. 그러나 두 개의 탄환은 거의 동시에 지면에 떨어져 소리는 하나가 떨어진 것처럼 들렸다. 오히려 크게 들린 것은 관중들이 내지르는 탄성이었다.

이 피사의 사탑에서의 낙하 실험은 정말 유명하다. 당시의 물리학계에서는 아리스토텔레스가 주장한 '물체는 무거운 것일수록 빨리 떨어진다.'는 견해가 지배적이었다. 따라서 이 실험은 지금껏 진실로 여겼던 아리스토텔레스의 주장을 완전히 뒤집는 것이었다.

그러나 이 실험이 최초로 기록된 것은 실험이 행해졌던 시기로부터 60년이 지난 1654년에 갈릴레이의 제자 비비아니가 쓴 《갈릴레이전(傳)》이다. 그 이전 갈릴레이가 실제로 실험을 했던 시기의 기록은 어떤 곳에서도 찾아볼 수 없다. 비비아니의 말이 사실이라면 실험이 행해졌을 당시 당연히 큰 화제가 되었을 것이다. 그런데 갈릴레이가 쓴 책에서조차 한 마디도 언급되어 있지 않다.

사실 낙하 실험은 1586년에 네덜란드인 '시몬 스테빈'에 의해 이루어졌다. 그는 무게가 다른 두 개의 납구슬을 2층에서 떨어뜨려 동시에 땅에 떨어진다는 것을 확인했다. 그러나 이것을 갈릴레이는 알지 못했다.

결국 비비아니는 갈릴레이를 존경한 나머지 스테빈의 공적을 갈릴레이의 것으로 바꾼 것 같다. 과잉 충성이 낳은 과학사의 엉뚱한 오류인 셈이다.

시몬 스테빈(1548~1620) 수학자. 10진분수의 사용을 표준화한 수학자다. 1586년, 무게가 10배나 차이 나는 2개의 납구슬을 약 9m 높이에서 동시에 떨어뜨리는 실험을 하고 이에 관한 실험 보고서를 발표, 그동안 진실로 여겼던 무거운 물체가 가벼운 물체보다 더 빨리 떨어진다는 아리스토텔레스의 학설을 반론했다. 이 보고서는 중력에 관한 갈릴레이의 첫 논문보다 3년이나 앞선 것이었지만 당시에는 거의 주목을 받지 못했다.

브라헤

최고의 관측가가 지동설의 증거를 찾지 못한 이유

최고의 천문관측가 브라헤는 어린 시절, 일식이 일어나는 현상을 보고 감동해 천문학자가 되겠다고 결심했다고 해요. 그는 '하늘의 성'이라는 엄청난 규모의 천문대를 짓고 최고의 관측기구를 동원, 별들의 움직임을 연구했어요. 그리하여 영원한 것이라고 믿었던 별들에게도 일생이 있어 태어나기도 하고 사라지기도 한다는 것을 규명했고 혜성의 비밀도 풀어냈어요. 하지만 관측의 왕이었던 그도 관측을 통한 지동설의 증거를 찾아내진 못했어요. 왜일까요?

별에도 일생이 있다

티코 브라헤
(1546~1601)
덴마크 출신 천문학자예요. 우라니보르크라는 천문대를 짓고 그곳에서 10년간 천체를 관측했어요. 망원경이 발명되지 않았던 시기에 그가 관측한 태양계의 위치는 믿지 못할 정도로 정확했어요.

'하늘에 있는 별은 영원히 늙지도 않고 줄지도 않는다.' 프톨레마이오스나 아리스토텔레스 시대부터 사람들은 그렇게 생각했다. 그러나 이런 생각을 바꾸는 하나의 사건이 일어났다.

1572년 11월 11일, 덴마크의 천문학자 **브라헤**는 카시오페아좌 속에서 처음 보는 별이 밝게 빛나고 있는 것을 발견했다. (이 별은 1572년 11월 6일, 슐러라는 사람이 먼저 발견했지만 브라헤는 이 새 별에 관한 귀중한 자료를 많이 남겼기 때문에 이 별을 '브라헤의 신성'이라고 부른답니다.) 보통 사람이라면 알아보지 못했을 테지만 웬만한 별의 위치나 밝기를 암기하고 있던 그는 새로운 별의 출현을 놓치지 않았다. 엄청난 흥분 속에서 별의 관찰을 계속하던 브라헤는 이 별이 혜성(혜성은 태양의 주위를 공전하고 있는 별이에요. 태양 가까이에 접근하면 엷은 기체가 표면 전체에 생기며 종종 밝은 꼬리를 갖기도 해요.) 따위가 아니라 항성(하늘에 고정되어 있는 별이에요.)이라는 것을 확인했다. 그리고 이 별이 1년 반 후에 소멸한 것을 보고 항성에도 일생이 있다는 것을 알게 되었다. 이 발견으로 브라헤는 일약 유명해졌다.

일식을 보고 감동한 14세 소년

1560년 8월 21일, 코펜하겐 대학 학생인 14세의 브라헤는 젖빛 유리를 통해서 열심히 태양을 바라보고 있었다. 14세에 대학생이라니 이상하다고 생각할지도 모르지만 당시의 대학에서는 일반화된 일이었다. 그가 대학에 들어간 것은 13세 때였다.

브라헤가 태양을 보고 있는 이유는 천문학자들이 오늘 일어날 것이라고 예측한 일식을 관찰하기 위해서였다. 패기 어린 대학생이었던 브라헤는 사실 천문학자들의 예측을 다 믿지 않고 있었다.

'쳇, 태양이 사라진다니. 더구나 오늘 그런 일이 일어날 거라고 장담을 하다니. 천문학자들이 무슨 점쟁이라도 된단 말인가. 어쨌든 일단 지켜보기는 하자. 만일 태양의 모습이 변하지 않는다면 그들의 예측이 얼마나 엉터리인지 가르쳐 주어야지.'

잠시 후 브라헤는 주위가 점점 어두워지는 것을 느끼며 창문을 열고 밖을 내다보았다. 그런데 이게 웬일인가. 찬란하게만 빛나던 태양이 오른쪽에서부터 점점 검게 변하기 시작했다. 태양에 검은 그림자가 드리워지면서 화창했던 날씨도 약간씩 어두워져 갔다. 아, 브라헤의 입에서 자신도 모르게 낮은 탄성이 일었다. 평소 천문학자를 우습게 보던 브라헤였지만 일식을 직접 본 후엔 일식이 일어나는 시간과 모양까지 정확하게 계산해 내는 천문학에 매료되어 버렸다.

귀족 신분인 그에게는 경제적인 어려움이 없었다. 연구를 위해서라면 당시 상당히 고가였던 책도 간단히 구입할 수 있었다. 브라헤의 친필이 남아 있는 프톨레마이오스의 《알마게스트》 등과 같은 서적은 현재도 프라하 대학 도서관에 보존되어 있다. 애초에 그가 대학에 간 것은 철학과 수사학을 공부하기 위해서였지만 그는 어느 누구보다 유명한 천문학자가 되었다.

혜성의 존재를 밝히다

그의 업적을 또 하나 알아보자. 당시에는 혜성이 천체에는 존재하지 않는 일종의 대기현상이라고 여겼다. (중국에서는 고대부터 혜성은 천체라고 생각해 왔지만 서양에서는 아리스토텔레스 이후 혜성은 무지개나 번개처럼 지구 대기 현상의 하나라고 생각해 왔어요.) 천체에는 어떤 변화가 일어나지 않는다는 것이 상식이었기 때문이다. 이 상식을 뒤집은 사람도 브라헤다.

1577년에 큰 혜성이 나타났다. 이때 브라헤는 제자 한 명을 약 500킬로미터 떨어진 곳으로 보내 동시에 혜성의 움직임을 관측하게 했다. 그 결과, 500킬로미터 떨어져 있어도 혜성이 보이는 위치에는 차이가 없다(시차가 제로)는 것을 알게 되었다. 이 사실은 혜성이 천체에 있다는 것을 의미한다. 즉 당시의 일반적인 생각과 달리 혜성이 지구의 대기 현상이 아니라 하나의 천체임을 입증한 것이다.

하늘의 성, 우라니보르크 천문대의 주인

1577년에 나타난 큰 혜성은 '우라니보르크' 라는 성(城)에서 발견하였다. 브라헤는 1576년 프랑스, 독일, 스위스 국경이 경계를 이루는 바젤이라는 마을에 살고 있었다. 그곳에 살던 어느날 덴마크왕 프레데리크 2세의 신하가 찾아와 '세계 최고의 천문대를 덴마크에 만들라.' 는 왕의 명령을 전했다. 드디어 그토록 염원하던 자신만의 천문대를 지을 수 있게 된 것이다.

그는 코펜하겐 앞 바다 벤 섬에 당시로서는 세계 최대의 천문대를 세웠다. 그 곳이 '**우라니보르크**(하늘의 성)' 다. 물론 관측기기도 최고의 것들로 갖추었다. 논문 등을 인쇄하는 인쇄소까지 만들었다. 수많은 천문학자들과 직원들이 그곳에 머무르며 천체를 관측했고 가끔 왕족들도 찾아와 머물다 돌아갔다.

우라니보르크

브라헤는 같은 섬에 또 다른 스텔네보르크(별의 성)라는 천문대도 세웠어요. 그림은 우라니보르크예요.

브라헤는 우라니보르크에서 수준 높은 관측을 통해 지동설의 증거 찾기에 돌입했다. 단서는 큰 혜성이 나타났을 때에도 성공을 거둔 '시차' 였다. 만약 지구가 태양의 주위를 돌고 있다면 반년 후에 같은 별을 보더라도 시차가 있을 것이다. 그는 그것을 측정하려고 했다. 그러나 시차는 제로였다. 몇 번을 측정해도 시차는 제로였다. 무엇보다 데이터를 중시한 브라헤는 지동설의 단서를 찾는데 실패했다.

그러나 이것도 무리는 아니다. 브라헤는 우주의 크기를 지나치게 작게 보고 있었다. 항성은 너무 멀리 떨어져 있기 때문에 반년의 위치 변화로는 시차가 검출되지 않았던 것이다. 당시 기술로는 당연한 결과인지도 모른다.

케플러와의 만남

브라헤는 덴마크 왕으로부터 자금 원조를 받고 있었는데 1588년 프레데리크 2세가 세상을 떠나자 원조금이 줄어들기 시작해 96년에는 마침내 모든 원조가 끊기고 말았다.

그 후 3년간 원조자를 찾던 브라헤가 간신히 정착하게 된 곳은 체코의 프라하였다. 신성로마 황제 루돌프 3세가 원조의 손길을 내밀어 주었다. 그는 동시에 우라니보르크에서 가져 온 자료를 정리할 조수를 찾고 있었는데 1600년 그 조수를 만나게 되었다. 그가 바로 **케플러**였다. 브라헤가 세상을 떠난 후 그의 엄청난 관측 데이터는 제자인 케플러에게 넘어갔다. 그리고 그 유명한 '케플러의 법칙'이 탄생했다.

요하네스 케플러
(1571~1630)
독일 천문학자예요. 브라헤의 행성 관측자료를 기초로 행성운동에 관한 케플러 법칙을 발견했어요.

브라헤의 성질 급한 일면을 잘 나타내주는 이런 에피소드도 있다. 1566년 스무 살이 되던 해 브라헤는 유학 중이던 대학의 교수 댁을 방문했다. 교수의 어여쁜 딸을 볼 목적이었다. 그러나 그곳에 초대된 다른 유학생과 설전을 벌여 이윽고 결투까지 이르게 되었다. 싸움을 시작한 것은 브라헤 쪽이었는데 결과는 상대의 칼에 코끝을 잃고 말았다. 그 후에 그는 평생 금과 은으로 세공한 코를 붙이고 살았다고 한다.

로웰

화성을 사랑한 천문학자의 실수

'화성에는 생명체가 존재하고 있다. 이 생명체들이 물 부족을 해소하기 위해 화성에 운하를 만들었다. 화성인들은 지구인보다 몸이 3배 정도 크다.'

아리조나 사막에 천문대를 세우고 화성에 대한 끝없는 애정과 갈망을 불태웠던 천문학자 로웰이 주장한 내용이에요. 로웰이 주장한 내용 대부분은 우주 탐사를 본격적으로 시작하면서 대부분 진실이 아닌 것으로 증명되었지만 화성을 사랑했던 로웰의 정열만은 지금도 계속 이어지고 있답니다.

화성인이 살아 있던 시절

미국의 TV 드라마에 '트왓 라이트 존' 이라는 작품이 있었다. 1959년부터 1964년까지 방송된 인기 SF시리즈로 에미상까지 수상한 작품이다. 아주 평범한 사람들의 생활에 돌연 발생한 불가사의와 공포를 재미있게 그린 옴니버스 드라마다.

이 고전적인 SF드라마에는 종종 우주인이 나온다. 이 드라마에서 재미있는 사실은 최근 SF영화와 달리 이들 우주인의 고향은 대부분 화성이나 금성 등 태양계 내의 행성으로 설정되어 있다는 것이다. 지금이야 태양계 내에는 지구인 이외의 지적 생물은 존재하지 않는다는 것이 상식이지만 당시는 '화성인' 이나 '금성인' 이라는 말이 아직 살아 있었던 때였다.

실제 그 무렵에는 금성인이나 화성인을 만났다고 주장하는 '콘택티' 라고 불리는 기묘한 사람들도 많이 있었다. 이를테면 '하늘을 나는 원반' 붐의 주역이었던 **아담스키** 등도 그중 한 사람이다. 그러나 행성 탐사가 본격적으로 시작되면서 달과 행성의 상세한 모습이 차례차례 밝혀짐에 따라 화성에 지적인 생물이 존재한다는 믿음은 사라졌다.

조지 아담스키

조지 아담스키는 미국사람이에요. 그는 1940년대 중반 캘리포니아 팔로마산에 조그만 천체 관측소를 지어 놓고 살면서 여러 차례 우주 비행선, 즉 UFO를 목격했다고 주장했어요. 그는 이 비행선을 타고 우주인들과 함께 그들의 별에 가 보기도 했는데 우주인들은 지구인들과 아주 비슷한 모습을 하고 있고 여러 별들이 우주선을 공동으로 사용하고 있다는 주장도 했죠. 사람들 대부분은 그의 이야기를 믿지 않았지만 그가 쓴 책들은 베스트셀러가 되었어요.

화성인을 사랑한 천문학자

행성 탐사가 아직 꿈같은 이야기였던 19세기, 화성인의 존재를 확신하고 그것을 어떻게든 실증해 보려던 인물이 있었다. 그 사람은 아리조나 사막에 천문대를 설립하고 죽을 때까지 화성 관찰에 몰두했던 미국의 천문학자 '**로웰**'이다.

로웰이 화성 운하의 존재를 믿게 된 것은 밀라노의 브

퍼시벌 로웰
(1855~1916)
미국 천문학자예요. 이탈리아 천문학자인 스키아파렐리가 화성운하를 발견한 것에 흥미를 갖기 시작해 행성 연구에 몰두하게 되었어요. 아리조나주 사막에 로웰 천문대를 건설하고 평생 화성 관찰에 몰두했죠.

레라 천문대 천문대장이었던 스키아파렐리의 영향이 컸다. 스키아파렐리는 1877년 화성이 지구 가까이 접근했을 때 화성 표면에 그물코 모양이 있다는 것을 발견했다. 그리고 그는 이것을 줄기와 같은 것이라고 보고 도랑(channel)이라고 불렀다. 그러나 이것이 사람들 사이에서는 어느덧 운하(canali)라고 불리게 되었다. 어감이 비슷하다는 것과 화성에 대한 세상의 묘한 기대감이 원래의 용어를 바꿔버린 것이다. 스키아파렐리가 발견한 화성의 그물코 모양이라고 하면 곧 화성인의 운하를 떠올리지만 처음부터 인공 건조물이라고는 생각하지 않았다.

그러나 그후 프랑스의 프라마리온이 이것은 인공적으로 만든 것이라고 주장했다. 로웰이 화성 운하의 존재를 확신하기 시작한 것도 이 무렵임이 분명하다.

화성인이 운하를 건설했다?

화성인이 운하를 만들었다고 확신한 로웰은 곧바로 《화성》이라는 제목의 책을 저술했다. 그 안에서 '화성은 물이 부족하여 아마도 관개(灌漑)를 위한 설비로 화성인이 이 운하를 만든 것 같다.' 라는 대담한 가설을 내세웠다. 또한 그에 따르면 화성인은 육체가 지구인보다 3배나 크고 지적으로도 상당히 앞서 있다고 했다.

H.G.웰스의 공상과학소설 《우주전쟁》도 로웰의 화성인설에서 큰 영향을 받았다고 해요. 문어와

같은 모습을 한 화성인이 지구에 전쟁을 걸어온다는 이 스토리는 당시 사람들을 공포에 떨게 했다는군요. 후에 이 소설을 라디오에서 드라마로 방송했는데 그것을 듣고 화성인이 정말로 지구를 습격했다고 착각하는 사람들이 끊이질 않았대요.

이 매혹적인 책은 당연히 대단한 반향을 불러일으켰다. 그러나 로웰의 운하설은 반향의 크기와 반대로 천문학자들 사이에서는 별로 지지를 받지 못했다. 화성인의 존재 자체는 완전히 부정하지 못했지만 운하처럼 보인 것은 착시에 지나지 않는 것 아닐까 하는 것이 대부분의 의견이었다.

사실 어렴풋하게 보이는 화성의 표면에서 운하를 보았다고 주장하는 이는 애초부터 그 존재를 믿고 있던 사람들뿐이었다. 작은 점의 집합도 아주 멀리서 바라보면 직선이나 이상한 모양으로 보이는 법이다. 그 당시의 망원경으로 화성을 보았다면 그런 일이 일어났다고 해도 전혀 이상할 것이 없다. 운하와 마찬가지로 망원경 저편에서 흔들리고 있는 화성의 존재도 그리 확고한 것이 아니었다.

화성탐사선이 보내온 화성의 진짜 모습

로웰 이후 화성에 인간과 비슷한 고등생물이 있다고 믿은 천문학자는 거의 없었다. 그러나 화성운하설의 신봉자들은 실제로 누군가가 화성에 가서 정말로 화성인이 없다는 것을 밝히지 않는 한 자신들의 생각을 바꾸지 않을 태세였다. 그리고 드디어 화성의 실체가 밝혀지는 날이 왔다.

1965년, 미국의 화성탐사선 마리나 4호는 화성에 접근했다. 그리고 상당히 가까운 거리에서 찍은 화성 사진을 보내왔다. 그러나 로웰이 생각한 운하의 흔적은 전혀 없었다. 마찬가지로 화성인이 존재한다는 증거도 전혀 없었다. 이로써 화성인이 만들었다는 거대한 운하는 환상임이 밝혀졌고 오랫동안 이어져온 로웰의 화성에 관한 이론도 종지부를 찍었다.

로웰은 정열과 열성 면에서는 누구 못지않은 훌륭한 천문학자로 실제 명왕성 발견에 지대한 공로를 세웠지만 화성 운하에 관한 이론만큼은 실제 관측적 증거 없이 대담한 가설을 세우는 데 그치고 말았다.

그러나 그렇다고 해서 화성에 대한 과학자들의 흥미가 완전히 사라진 것은 아니다. 지금도 화성에 관한 대규모적인 연구는 계속되고 있으며 최근에는 미국이 발사한 탐사선이 화성에 도착, 화성에서의 생명체 존재 여부를 조사하기도 했다. 또 유럽 연합과 일본, 중국 역시도 화성에 착륙할 날을 기다리며 우주계획들을 진행하고 있다.

로웰에 뒤지지 않는 정열을 가진 과학자들이 화성을 주목하고 있다. 로웰이 아리조나 사막에서 바라본 빨간 행성은 지금도 신비로운 빛으로 사람들의 흥미를 부채질하고 있다.

파스칼

세계 최초로 계산기를 만들어낸 천재

인간의 천재성은 정말 끝이 없는 것 같아요. 뉴턴, 아인슈타인은 과학계의 내로라하는 천재들이고 갈릴레이, 레오나르도 다 빈치 등은 폭넓은 분야에서 재능을 발휘한 천재들이죠. 프랑스의 철학자이면서 수학자이고 동시에 물리학자이면서 작가이기도 했던 파스칼은 또 한 명의 천재였어요. 그의 생을 따라가다 보면 그가 뿜어내는 재능의 빛에 매혹되게 되죠. 세금일을 했던 아버지를 위해 세계 최초의 계산기를 고안해냄으로써 컴퓨터의 첫 발짝을 떼게 한 그의 생애를 만나 보세요. 깜짝 놀라실 거예요.

인간은 생각하는 갈대다

'인간은 생각하는 갈대다.' 라는 말은 **파스칼**의 대표적인 명언이다. 이 말은 파스칼의 저서인 《팡세》에 등장한다.

블레이즈 파스칼
(1623~1662)
프랑스 철학자이자 수학자, 물리학자, 작가예요. 《팡세》라는 유명한 저서를 남긴 작가이자 위대한 사상가이고 주사기 등을 발명한 발명가이기도 해요. 세금징수원이었던 아버지를 도와 일을 하던 중 최초의 계산기를 발명했어요.

파스칼의 계산기

'인간은 자연 가운데서 가장 약한 한 줄기 갈대에 불과하다. 그러나 생각하는 갈대다. 갈대를 눌러 부러뜨리는데 우주 전체를 동원할 필요는 없다. 하나의 증기, 하나의 물방울이면 충분하다. 그러나 우주가 갈대를 부러뜨린다 해도 인간은 우주보다 숭고하다. 왜냐하면 인간은 자기가 죽는다는 것을 그리고 우주가 자신보다 훨씬 뛰어나다는 것을 알고 있기 때문이다. 우주는 아무 것도 모른다.'

인간은 우주에 비하면 너무나 보잘 것 없고 연약한 존재다. 그러나 생각한다는 것 때문에 인간은 무엇보다 고귀하다고 파스칼은 주장했다. 설령 지구가 무한하게 넓다고 해도 인간은 상상력으로 그 넓이를 머리 속에 그릴 수 있다. 파스칼은 그 어마어마한 우주가 이 작은 인간의 뇌에 싸여 버린다는 사실을 솔직한 감동으로 표현했다. 이 유명한 말을 남긴 파스칼이 실은 현대 컴퓨터의 선조라고도 할 수 있는, 현존하는 최고의 기계식 계산기의 발명자라고 하면 놀랄 일인가?

머리로만 하는 상상실험의 대가

파스칼이라는 이름을 듣고 '파스칼의 원리'를 떠올리는 사람도 많을 것이다. 파스칼은 철학자이면서 동시에 진공이나 대기 등을 연구한 유명한 물리학자기도 했다. 유리관 혹은 풍선을 이용해 실시한 갖가지 재미있는 실험은 지금도 널리 알려져 있다. 아울러 파스칼은 엄밀하게 실험하고 그 결과를 기초로 연구하기를 권했던 과학자로 소개되어 있다.

그러나 파스칼이 보고한 많은 실험 가운데 정말로 그가 실제로 했던 것은 겨우 두 개에 지나지 않는다. 파스칼이 논문 속에서 소개하고 있는 실험의 대부분은 그의 머리 속에서만 실행한 '상상 실험' 이었다. 이것은 지금까지의 파스칼에 대한 이미지를 뒤집는다.

그러나 곰곰이 생각해 보면 복잡한 실험 기재나 육체적인 노동을 요구하는 대규모 실험보다도 자기 머리로만 이론에 기초한 상상의 실험을 반복하는 쪽이 생각하는 갈대를 주창한 파스칼에게 어울리는 것 아닐까. 그리고 '생각한다' 는 인간 능력의 신비함에 계속 집착했던 파스칼의 자세는 계산기 제작에서도 일관되게 볼 수 있다.

천재 소년이 만든 계산기

파스칼은 어릴 때부터 수학에 관한 천재적인 능력이 있었다. 그의 아버지는 외국어 공부에 지장을 준다고 해서 수학공부를 금지시켰지만 파스칼의 수학에 대한 흥미는 그칠 줄 몰랐다. 그래서 호기심 왕성한 소년 파스칼은 교과서도 없는데 아버지 몰래 스스로 수학을 연구했다.

파스칼이 사춘기를 맞이했을 무렵, 그의 아버지는 관공서에서 세금 거두는 일을 하고 있었다. 그러나 당시 프랑스에서는 화폐 계산에 십진법을 사용하지 않았기 때문에 돈 계산은 상당히 복잡했다. 수학을 잘하는 파스칼도 아버지 일을 도울 때에는 그 번거로운 돈 계산에 진력이 났다. 어떻게 방법이 없을까 하고 머리를 굴리던 파스칼은 1642년, 열아홉의 나이에 세계 최초로 수동식 계산기를 완성시켰다. '파스카리나' 라고 불리는 이 계

산기는 0에서 9까지의 숫자가 쓰여진 톱니바퀴로 만들어진 것이다. 나중에 라이프니츠가 제작한 계산기로는 곱셈, 나눗셈 등도 가능했지만 파스카리나는 덧셈과 뺄셈만이 가능했다. 게다가 당시의 공업기술로는 그리 정밀한 부품을 만들 수 없었으므로 늘 옳은 계산 결과를 내기는 무리였던 것 같다. 그러나 기계에게 계산을 시킨다는 독창적인 아이디어와 또 그것을 정말로 설계하고 만들어 낸 파스칼의 재능은 대단한 것이었다.

오늘날에는 기계가 계산을 하는 것이 극히 당연한 일이지만 그 시대에는 전혀 생각도 하지 못했던 일이었다. 기계는 어디까지나 인간을 대신하여 육체적인 노동을 해주는 도구였다. 설마 계산과 같은 고도한 지적 활동까지 가능할 것이라고는 아무도 상상하지 못했다. 파스칼의 계산기는 그 후 수십 대 제작되어 세계 각국으로 건너갔다고 한다.

계산기는 생각할 수 없다

'파스카리나' 라는 실물과 함께 파스칼은 계산기에 대한 다음과 같은 견해를 밝혔다.

"계산기는 동물이 하는 어떤 일보다 인간의 사고에 가까운 일을 한다. 그러나 이것이 동물처럼 자신의 의지로 하는 일은 아니다."

현대에서는 '인간처럼 사고하는 인공지능(AI)이 실현 가능한가?' 에 대해 큰 논쟁이 있지만 세계 최초로 계산기를 만든 파스칼이 당시에 그런 논의를 했다는 것이 놀랍다. 그러나 한편으로 이 말은 '인간은 생각하는 갈대다.' 라고 말한 파스칼다운 말이라고도 할 수 있다. 생각한다는 사실에서 인간의 큰 존엄함을 발견한 그로서는 부품으로 된 기계가 인간과 똑같이 의지로 생각한다는 것은 절대 승복할 수 없는 일이었기 때문이다.

패러데이

전기 분해의 법칙을 발견한 제본공

화학을 사랑한 제본공, 화학 공부가 너무 하고 싶어 하인노릇도 조수노릇도 마다하지 않았던 사람. 오직 화학에 대한 애정과 노력만으로 수많은 과학적 발견과 연구를 해 낸 사람이 바로 패러데이예요. 공부를 하고 싶다는 그의 열망은 그의 스승조차 그를 시기할 정도였답니다.

제본공에서 왕립연구소 조수로

패러데이는 가난한 대장장이의 아들이었다. 초등학교를 졸업한 후 12살 때 책방과 제본소를 겸한 한 가게에 제본공으로 들어갔다. 제본이라는 것은 인쇄한 종이를 묶고 표지를 다는 일이다. 패러데이는 그곳에서 제본 기술을 배우면서 제본을 위해 들어오는 책들을 모두 읽었다.

특히 그의 흥미를 끈 것은 머셋 부인의 《화학 이야기》라는, 화학을 쉽게 설명한 책이었다. 패러데이는 이 책을 참고로 적은 용돈으로 약품과 도구를 사서 이것저것 실험을 했다. 이를 안 주인은 테이텀이라는 사람이 자택에서 여는 과학강연회를 갈 수 있게 해주었다. 그는 거기서 들은 이야기를 기록해 제본하여 자기만의 책을 만들었다. 간혹 가게에 오는 손님 중 한 학자가 이 책을 보고 감탄했다. 그는 패러데이에게 당시 유명했던 왕립연구소의 화학자 **데이비**의 연속강연회 입장권을 주었다.

패러데이는 데이비의 강연을 듣고 과학에 더욱더 흥미를 느껴 어떻게든 과학에 관한 일을 해야겠다고 생각했다. 그래서 우선 아무리 낮은 지위라도 좋으니 과학에 관한 일에 종사하고 싶다는 희망을 편지에 담아 왕립학회 회장에

마이클 패러데이
(1791~1867)
영국 물리학자예요. 어린 시절 제본소의 견습생으로 일하면서 읽게 된 책을 통해 과학에 매력을 느껴 과학자의 꿈을 갖게 되었다네요. 당시 유명했던 화학자 데이비의 실험 조수가 되어 연구 생활을 시작했어요. 모터의 원리, 전자유도의 발견, 전기분해의 법칙 등 과학상의 획기적인 업적을 많이 쌓았어요.

험프리 데이비
(1778~1829)
영국 화학자예요. 중요한 업적으로는 볼타 전지를 이용한 전기화학적 연구가 있어요. 자신이 직접 화학가스를 흡입하여 효과를 알아보는 것으로 유명한데 한때 수성가스를 마시고 목숨을 잃을 뻔 하기도 했대요. .

게 보냈다. 그러나 아무런 대답을 듣지 못했다.

그가 다음으로 도전한 대상이 데이비다. 그는 1812년 크리스마스 직전, 데이비의 강연 기록을 잘 정리하고 이를 정성스럽게 책으로 만들어 편지와 함께 보냈다. 데이비는 제본된 책에서 패러데이의 비범함을 보고 다음과 같은 답장을 썼다.

"패러데이군, 군의 역작에 매우 감탄했습니다. 이것만으로도 군이 상당히 열심이고 이해력도 주의력도 뛰어나다는 것을 잘 알 수 있습니다. 1월 말에는 돌아오니 그 이후에는 언제라도 만날 수 있을 겁니다. 내가 도움 줄 만한 일이 있다면 무엇이든 힘이 되고 싶습니다."

데이비의 편지를 받은 패러데이는 뛸 듯이 기뻐했다. 그리고 데이비가 영국에 돌아올 때를 기다려 그를 직접 찾아갔다. 그의 조수가 되고 싶다는 말을 꺼낼 참이었다. 조수가 되어 데이비가 행하는 모든 실험을 곁에서 지켜보는 상상만으로도 패러데이의 가슴은 쿵쾅거리며 뛰었다.

그러나 패러데이를 만난 데이비의 반응은 너무 차가왔다. 친절한 편지 내용과는 달리 점잖은 목소리로 과학자로 생계를 꾸리기보다는 제본공을 계속하는 편이 좋다는 충고를 늘어놓았다. 기대가 컸던 탓인지 패러데이가 느낀 실망도 컸다. 이러다가 영영 과학계에는 발 한번 디뎌보지 못하고 영원히 제본공으로 늙는 것은 아닌지 두렵기까지 했다. 그러나 3개월 후, 패러데이는 뜻밖의 편지 한 통을 받았다. 데이비로부터 실험 조수가 사고로 그만 두었으니 올 생각이 없느냐는 제안이 들어있는 편지였다. 패러데이는 물론 그 말에 따랐다. 이렇게 해서 드디어 염원하던 과학과 관련된

일을 하게 된 것이 그의 나이 스물두 살 때의 일이었다.

패러데이의 대활약과 데이비의 질투

실험 조수의 일은 형편없는 것이었다. 데이비의 강의 준비와 뒷정리, 장치의 청소와 점검 등이 그가 맡은 일이었다. 각종 실험 장비를 나르고 실험실을 치우고 밀린 서류를 정리하다 보면 원하던 실험 현장 근처엔 가보지도 못하는 하루하루가 계속되었다. 근무한 지 얼마 후에는 데이비의 부인을 따라 대륙 여행에 나서야 했다. 영국과 전쟁 상태에 있던 적국을 여행하였으므로 하인이 동행을 거부해 패러데이가 동행하게 된 것이다. 이 여행은 견문을 넓히는 기회였지만 괴로운 일도 있었다. 우월감이 강한 데이비 부인에게 하인처럼 혹사를 당했기 때문이다. 그러나 패러데이는 그것도 참았다. 과학에 대한 열망과 열정이 어떤 시련도 참아내게 한 힘이었다.

귀국 후, 패러데이에겐 지루한 날들이 계속 이어졌다. 그러나 패러데이는 불평 한마디 없이 주어진 일을 묵묵히 해내었다. 그의 성실한 태도에 맨 처음 패러데이를 인정하지 않았던 데이비도 점차 높은 수준의 일을 맡기기 시작했다.

1816년, 패러데이는 그의 나이 25세 때 '토스카나 생석탄의 분석'을 발표했다. 그리고 1821년에는 이염화에틸렌의 발견과 전자기회전(모터의 원리)의 연구, 22년에는 철합금의 연구, 23년에는 염소와 유화수소(硫化水素)의 액화, 25년에는 벤젠의 발견 등 중요한 일을 차례차례 해냈다.

한 걸음 한 걸음 업적을 쌓아나가는 패러데이에 대해 데이비는 점차 경계심과 질투심을 느꼈다. 1823년 패러데이가 **왕립협회** 회원으로 추천되자 회장이었던 데이비는 패러데이에게 사퇴하도록 강요했다. 그리고 그를 회원으로 추천한 추천인들에게는 이를 취소하도록 부탁했다. 그러나 패러데이가 회원이 되는 것에 반대하는 사람은 오직 데이비뿐이었다. 이미 과학상의 수많은 업적을 올린 패러데이를 회원으로 선출하는 것에 이의를 달 사람은 한 사람도 없었다. 이듬해, 회원들에 의한 무기명 투표가 이루어졌다. 모두 찬성표를 던졌고 반대표는 오직 한 표뿐이었다. 그 반대표를

왕립협회
로얄 소사이어티라고도 해요. 1660년에 설립된 영국에서 가장 오래되고 가장 권위 있는 학술단체예요. 지금도 영국의 과학자들에게 소사이어티 회원이 된다는 것은 가장 명예로운 일이랍니다.

누가 던졌는지는 너무나 명백했다.

이로써 패러데이는 32세라는 젊은 나이에 왕립협회의 정식 회원이 되었다. 과학을 배운 적도 없이 오직 과학에 대한 열망만이 유일한 무기였던 가난한 제본공은 노력에 노력을 거듭한 결과 일류 과학자들과 어깨를 나란히 하는 과학자 대열에 합류했다.

패러데이를 질투했던 데이비도 나중에는 "내가 지금까지 한 것 가운데 가장 훌륭한 발견은 패러데이였다."고 말했다고 한다.

자석을 이용해 전기를 얻을 수는 없을까?

패러데이는 연구 기록을 매일 일기 형태로 써서 남겼는데 그 일기를 통해 40년에 걸친 그의 연구 과정을 자세히 살펴볼 수 있다.

패러데이가 이룬 발견 가운데 가장 유명한 것은 전자유도 발견이다. 1820년, 덴마크 물리학자 **외르스테드**는 전류가 자석에 작용한다는 것을 발견했다. 이 같은 현상은 우연히 발견했는데 한 실험에서 전선에 전기를 흘려보내자 같은 책상 위에 올려놓은 자석 바늘이 움직이는 현상이 벌어진 것이다. 모두들 자기 눈을 의심했다. 전기가 어떻게 바늘을 움직일 수 있단 말인가. 이런 현상을 어떻게 설명해야 할 것

한스 크리스티앙 외르스테드
(1777~1851)
덴마크 물리학자예요. 1820년 전류의 주위에 자계가 발생하여 자침이 일정한 방향으로 움직인다는 것을 발견했어요. 이 발견으로 전자기 이론의 발전이 앞당겨졌어요.

인가. 이런 고민이 거듭되면서 전류가 자석에 작용한다는 것이 밝혀졌다.

그 발견에 자극을 받은 패러데이는 외르스테드와는 반대되는 실험, 즉 자석에서 역으로 어떤 전기적인 효과를 얻을 수 없을까 하고 여러 가지 실험을 시도했다.

그는 동그랗게 말린 전선 코일에 막대자석을 넣었다 뺐다 하는 실험을 실시했다. 그러자 많은 전류가 생겨났다. 자석을 빨리 움직일수록 더 많은 전기가 생겨났다. 이것이 바로 발전기의 원리다. 이렇게 해서 패러데이는 오늘날 전기문명의 초석이 되는 발전기의 원리를 발견했다.

패러데이의 또 다른 업적 중 하나는 전기분해에 관한 기본 법칙의 발견이다. 패러데이는 여러 물질을 전기 작용으로 분해해 보았다. 그 결과 '전기분해를 할 때 나오는 물질의 질량은 이때 통과한 전기의 양에 의해 결정된다.' 는 것을 밝혀냈다. 그 과정에서 '전기분해', '전해질', '전극', '양이온', '음이온' 등의 용어를 만들었다.

이 발견으로 패러데이는 근대 전기화학의 기초를 다졌다. 전기분해 시의 전기량을 재는 단위에는 이 법칙 발견을 기념하여 패러데이라는 이름을 붙였다.

크리스마스 강연, 양초의 과학

패러데이는 34살 때 왕립연구소 연구실 주임이 된 이후, 스승인 데

이비의 뒤를 이어 주 1회 일반인들에게 과학강연회를 하였다. 특히 매년 크리스마스에는 아이들을 대상으로 강연회를 열었다. 패러데이는 늙어서도 아이들을 위한 크리스마스 강연회는 쉬지 않았다. 그 중에서도 특히 유명한 것은 1860년 그의 나이 69세 때 했던 강연이었다. 이것은 《양초의 과학》이라는 책으로 정리되어 지금도 전 세계 사람들에게 읽히고 있다.

제베크와 펠티에

취미로 이룬 대발견

독일 의사인 제베크와 시계 수리공인 펠티에는 과학을 너무나 사랑해 과학 실험을 취미로 삼았고 이를 통해 놀라운 성과를 이뤄낸 사람들이에요. 제베크는 열이 전기로 바뀌는 현상을, 펠티에는 전기가 열로 바뀌는 현상을 연구했죠. 오늘날 우리가 사용하는 많은 제품들에도 두 사람이 발견한 수많은 원리들이 응용하여 사용하고 있어요.

취미로 이룬 대발견

인류생활에 없어선 안 되는 전기에 대한 현상은 그 대부분이 19세기에 발견되었다. **볼타**가 전지(어떤 물질이 있어요. 그 물질이 물리적, 화학적으로 어떤 변화를 할 때 방출되는 열에너지를 전기에너지로 바꿔주는 것이 바로 전지예요. 우리가 알고 있는 건전지도 전지의 일종이에요.) 를 발명하자, 그 전지를 사용하여 전선에 흐르는 전류에 대한 연구가 이루어지고 외르스테드, 앙페르 등은 바늘을 통과하는 전류가 자석과 같은 역할을 한다는 것을 알아냈다. 반대로 자석을 사용하여 전류를 만들 수 있다는 것을 발견한 이가 《양초의 과학》으로 유명한 패러데이다. 그리고 패러데이가 오랜 세월 동안 행해 온 연구 결과를 맥스웰이 수학으로 정리하여 '전자기학' 을 완성했다.

알렉산드로 볼타
(1745~1827)
볼타 전지를 발명한 이탈리아 물리학자예요. 인류는 그가 발명한 전지로 인해 처음으로 연속전류를 얻게 되었어요. 전류를 유도하는 기전력의 단위인 V(볼트)는 그의 이름을 기념하여 붙여진 것이랍니다. .

이러한 대발견은 주로 대학 교수나 왕립연구소 연구원 등 좋은 연구실을 가진 사람들에 의해 이루어졌다. 그러나 그 이외에도 다른 직업을 가지고 있는 일반 시민이 큰 발견을 한 예도 있다. 재미있는 것은 열과 전기의 관계에 대해서는 중요한 두 가지 발견 모두 과학을 좋아하는 일반 시민이 취미로 한 연구에서 비롯되었다.

제베크 효과의 발견과 오해

열이 전기로 바뀌는 현상, 전기가 열로 바뀌는 현상은 각각 발견자의 이름을 따서 '제베크 효과'와 '펠티에 효과'라고 한다.

토마스 요한 제베크
(1770~1831)
독일 의사이자 물리학자예요. 처음에는 의학박사학위를 받아 의사의 길을 걸었지만 과학 연구를 선택하면서 의사 일을 포기했어요. 서로 다른 금속을 연결해 접속한 두 점 사이에 온도차를 주면 전류가 흐른다는 제베크 효과를 발견했어요.

우선 열이 전기로 바뀌는 '제베크 효과'는 1821년, 독일 의사인 **제베크**에 의해 발견되었다. 제베크는 독일 괴팅겐 대학에서 의학을 전공한 의사였지만 과학 실험에 더 큰 흥미를 느꼈다. 어느 날, 제베크는 두 종류의 금속(구리와 비스무트) 전선 양끝을 연결한 후 이어진 한쪽엔 낮은 온도를, 한쪽엔 높은 온도를 가하는 실험을 했다. 그는 왜 이런 실험을 하게 된 것일까?

그가 주목한 것은 '지구의 자기는 따뜻한 부분과 차가운 부분의 온도차에 의해 생긴다.'는 것이었다. 그는 이것을 직접 확인하려고 했다. 당시 전기와 자기의 현상은 연구를 시작한 지 얼마 되지 않았기 때문에 모르는 것이 많았다. 오늘날 생각해 보면 아주 간단한 실험처럼 생각되지만 당시는 연구자의 상상력을 100% 발휘한 최초의 실험이었다.

제베크는 구리와 비스무트 두 금속의 전선을 연결했다. 그리고 그 이어진 부분의 한쪽을 뜨겁게 했다. 그러자 장치 가까이에 놓은 방위자침이 움직였다. 자기가 생긴 것이다. 제베크는 지구 자기의 발생 원인에 대한

그의 생각이 옳았다는 것을 증명했다고 매우 기뻐했다.

그리고 계속 다른 여러 금속을 조합시켜 금속조합과 방위자침 움직임의 관계, 이어진 부분의 온도차와 방위자침 움직임의 관계를 조사해 나갔다. 금속조합에 따라 방위자침의 움직이는 크기가 달라지고 또 두 개의 이음매 온도차가 클수록 방위자침은 크게 움직였다. 이것이 바로 연결된 두 개의 이음매에 온도 차이가 존재하는 동안 회로 전체에 전류가 유도된다는 '제베크 효과' 다.

그러니까 이렇게 정리가 되는 거예요. 구리라는 금속으로 만들어진 전선이 있고 비스무트라는 금속으로 만들어진 전선이 있어요. 이 두 전선 양쪽을 서로 묶는 거예요. 그리고 한쪽에만 열을 가하는 거죠. 그럼 양쪽 이음매에 온도 차이가 생겼겠죠? 왜냐구요? 아니 이 사람아, 한쪽에만 열을 가하면 당연히 온도차가 생기지~. 이렇게 이음매에 온도차가 생기면 이 전선을 타고 전류가 흐르게 되는데 이것이 바로 제베크 효과라는 거죠. 알겠죠?

그런 정밀한 실험을 한 제베크였지만 실험 결과의 해석에 있어서는 틀린 생각을 하고 말았다. 그의 실험은 이음매 두 개의 열에너지 차에 의해서 전선에 전류가 흐르는 현상을 파악한 것이었지만 -전류가 흐르고 있는 전선 주변에는 자기가 발생한다는 외르스테드, 앙페르의 발견을 생각해 보자. - 제베크 본인은 열에서 자기가 생긴다는 생각에 계속 집착하여 열에서 전기가 생긴다는 생각은 전혀 하지 못했다. 그래도 열에너지가 전기에너지로 바뀌는 현상을 처음 발견한 사람이었으므로 이 현상을 '제베크 효과' 라고 부르고 있다.

그러니까 제베크는 이 실험에서 방위자침이 움직이는 것을 보고 자기가 생겼다고 해석한 거예요. 원래는 전기가 생긴 것이고 이 전기에 의해 자기가 발생한 것인데 말이죠. 어찌되었든 이 같은 기발한 발상을 해낸 것은 제베크기 때문에 열에너지가 전기에너지로 바뀌는 현상을 부를 때 그의 이름을 사용해 제베크 효과라고 부른다는 말씀!

펠티에 효과의 발견

프랑스의 시계 기술자 펠티에는 1834년 서로 다른 금속 전선을 연결하여 만든 장치에 전류를 통과시켜 보았다. 제베크의 실험 이후 금속 전선에 흐르는 전류와 열의 관계에 많은 사람들이 몰두하기 시작한 시기였다. 전기저항에 대한 '옴의 법칙'으로 알려진 **옴**의 연구도 제베크의 연구를 기초로 했다고 알려져 있다.

펠티에는 전선의 이음매에서 열이 일어난다고 생각했다. 그 발열량을 정밀하게 측정하는 것이 실험의 포인트였다.

그러나 실험을 해보니 확실하게 한쪽 이음매에서는 열이 발생했지만 다른 한쪽 이음매는 차가워졌다. 게다가 전기의 흐름을 반대로 바꾸자 열이 나오는 쪽과 차가워지는 쪽이 반대가 되었다. 즉 '전기에너지가 열로 바뀐다. 또 뜨거워질 뿐 아니라 차가워질 수도 있다.'는 현상을 발견한 것이다. 이러한 현상을 현재에도 그의 이름을 빌어 '펠티에 효과'라고 한다. 즉 두 금속선 이음매에 열을 가해 전기를 만들어낸 사람이 제베크, 두 금속선에 전기를 가해 열을 만들어낸 것은 펠티에다.

게오르그 시몬 옴
(1789~1854)
독일 물리학자예요. 도체(열 또는 전기의 전도율이 비교적 큰 물체)에 흐르는 전류는 도체에 걸린 전압에 비례하고 도체의 저항에 반비례한다는 옴의 법칙을 발견했어요. 전기저항을 나타내는 물리 단위인 옴(Ω)은 그의 이름을 따서 붙인 거예요.

펠티에
(1785~1845)
프랑스 시계 기술자이자 물리학자예요. 두 개의 다른 금속의 접합부분에 전류를 흘려주면 그 전류의 방향에 따라 접합부의 온도가 올라가거나 내려간다는 펠티에 효과를 발견했어요.

제베크는 의사, 펠티에는 시계 기술자. 두 사람 다 다른 직업을 가지고 있었으므로 소위 취미 연구였다. 동시대 영국의 과학자 페러데이도 왕립연구소의 교수가 되기까지는 과학 강연을 재미있게 들으러 다니고 집에서 취미로 과학 실험을 하는 아마추어였다. 이 시대의 과학 애호가들은 어쩌면 21세기를 맞은 현재보다 자연과학을 훨씬 친밀하게 느끼고 즐겼을지도 모른다.

제베크는 그 후 의사로서 환자를 돌보기보다는 과학 연구에 빠져 전문 과학 연구가가 되었다. 펠티에도 서른 살까지는 시계를 만들었다고 하는데 그 이후에는 대부분의 시간을 과학 연구에 쏟아 부으며 열전기 현상의 연구 이외에 정전기 연구 등에 업적을 남겼다. 과학 연구의 매력이 더 컸던 모양이다.

제베크는 동시대 독일의 문학가이며 과학 애호가이기도 했던 괴테와도 친했고 철학자인 헤겔과도 친하게 지냈다. 아마도 과학에만 흥미가 있었던 것이 아니라 재미있는 것은 무엇이든 깊이 생각하고 연구하는 사람이었던 모양이다.

그 후의 연구

'제베크 효과', '펠티에 효과'는 여러 분야에서 응용되었다. 제베크 효과를 이용하여 만든 대표적인 것은 온도를 측정하는 열전대다.(금속 전선의 이음매 한쪽은 일정 온도를 유지하고 다른 한쪽 이음매는 온도를 측정하는 곳에 대요. 온도차에 비례해 전압이 일어나므로 그 전압을 측정하면 온도를 알 수 있어요. 열전쌍, 열전기쌍이라고도 불러요.) 열전대의 보급으로 그때까지의 온도계로는 측정할 수 없었던 고온 측정이 가능하게 되어 화학 연구, 특히 고온 화학에 크게 기여했다.

아주 높은 온도를 잴 때, 그 온도가 너무 높아서 온도계로는 도저히 잴 수 없을 때, 어떻게 하면 좋을까요? 손으로 만져보자니……음, 그럴 수도 없고. 이럴 때 바로 열전대를 사용한다는 말씀이에요. 두 개의 금속선 중 한쪽은 기준이 되는 온도를 유지하고 한쪽 금속선을 온도를 재려는 곳에 탁 대면 전압이 일어나겠죠? 왜냐구요? 온도의 차로 전류가 흐른다고 했잖아요. 하 참 피곤하게 하네. 그래서 그 전압을 재면 기준이 되는 곳과 얼만큼의 온도차가 생겼는지 알 수 있겠죠? 그렇게 계산을 하면 우리가 궁금해 하던 온도를 알게 된다 이말씀이에요.

제베크 효과를 응용한 제품은 행성 탐사 위성에 부착된 발전기(방사성 동위원소의 열로 전기가 생겨요.) 등이 있다. 그밖에도 사람의 체온으로 발전하여 움직이는 시계와 같은 재미있는 제품도 만들어져 있다.

펠티에 효과를 이용한 제품에는 광통신용 반도체 레이저 장치(여러분이 사용하고 있는 CD플레이어에도 들어가 있어요. 통신용 레이저는 훨씬 정밀한 빛을 만들 필요가 있고 그러기 위해서는 온도를 정밀하고 일정하게 할 필요가 있어요.)나, 컴퓨터 칩을 식히는 장치(칩이 발열하면 오작동을 일으키죠.), 소형 냉장고와 자동차 등이 있다. 취미로 시작한 연구는 지금 우리 주변 여러 곳에서 응용해 사용하고 있다.

끈기로 승부한 과학자의 한마디

2000년 노벨 화학상을 수상한 시라카와 히데키(白川英樹)씨는 한 언론과의 인터뷰에서 젊은 사람들에게 한 마디 해달라는 요청에 "더 노력하고, 포기하지 말고 연구를 계속하라."고 말했다. 과거에 비하면 오늘날의 젊은이들은 끈기와 인내가 부족한 것 같다.

일본의 자연과학 연구자 가운데 노력과 끈기 면에서 모범으로 삼을만한 사람이라고 하면, 금속물리학을 연구하여 자성 재료에서 큰 업적을 남긴 '혼다 고타로'를 들 수 있다. 그에 관한 몇 가지 에피소드를 소개하겠다.

혼다 고타로는 1870년 아이치(愛知)현 오가자키(岡崎)시에서 태어났다. 농사를 짓던 집안은 가계가 어려워서 셋째 아들인 고타로는 고등소학교를 졸업한 뒤에 농사일을 돕게 되었다. 그런데 공부를 계속하고 싶은 마음이 도저히 지워지지 않아 주먹밥과 2엔 20전을 가지고 가출을 했다. 그는 도쿄에 있는 형에게 가려고 했지만 기차 삯이 부족해 걸어가는 도중에 잡혀왔다.

그 후 도쿄에서 역사학을 배우고 있던 작은 형이 학비 원조를 해주기로 하여 고타로도 드디어 도쿄에서 공부하는 꿈을 이루게 되었다. 그때 그가 인생의 지침으로 삼은 것은 고등소학교 때 은사가 하신 말씀인 "인간은 끈기와 노력을 지속하면 모든 일을 이룰 수 있다."였다. 고타로는 다른 선생님들로부터 암기력이 좋지 않고 그림도 서툴다고 꾸지람만 들었지만 그 선생님만은 "남들이 한 번 해서 되는 일이라면 너도 세 번 하면 반드시 할 수 있게 돼. 남들이 세 번 만에 하는 일이라면 너는 열 번 하면 안 될 것도 없어. 요는 그만큼 끈기 있게 노력할 수 있는가에 달렸어."라고 말하며 격려해 주었다. 이것이 고타로 생애의 지침이 되었다.

1884년 도쿄 대학 물리학과에 진학한 고타로는 나가오카 한타로의 지도를 받으며 물질의 자기적 성질 연구에 매달렸다. 고타로는 물리학 실험에 경이적인 끈기를 발휘, 전설적인 존재가 되었다. 연구제일주의로 아무에게나 호통을 치기로 유명한 나가오카 교수도 고타로에게만은 호통을 치는 일 없이 "혼다란 녀석은 참 신기한 녀석이야. 수재는 아니지만 노력만큼은 대단해. 그 강한 끈기에 정말 놀란다니까!"하고 말하며 크게 신뢰했다.

연일 실험에 몰두한 고타로는 학교 문이 닫힌 뒤 수위 아저씨를 깨워 다시 문을 열게 하는 일이 다반사였으므로 수위아저씨가 당하지 못하고 "이제는 좀 담을 넘어서 가면 안 되겠어?"라고 오히려 부탁할 정도였다. 그러자 고타로는 잠시 생각하더니 "매일 밤마다 폐를 끼쳐서 정말 죄송합니다. 하지만 제 실험은 아무리 빨라도 이 시간까지 걸립니다. 일요일도 없이 하고 있지만 그래도 부족해요. 하지만 저는 담을 넘어서 출입하는 짓은 지금까지 한 번도 해 본 적이 없습니다. 저는 앞으로 꼭 훌륭한 일을 할 겁니다. 일본에 도움이 되는 일을 할 겁니다. 그러니 도둑처럼 담을 넘는 일만큼은 시키지 말아 주세요."하고 머리를 숙여 절을 했다.

이에 수위는 감동하여 그 이후부터는 아무리 늦어도 기꺼이 문을 열어주었다고 한다.

고타로는 어떤 일이든 아무리 손쉬운 방법이 있다 해도 담을 넘는 것처럼 남에게 비난받을 일을 하지 않았다. 모든 일은 정문을 출입하듯이 노력을 아끼지 않는 삶이었다. 노력을 아끼면 지름길로 가고 싶어지고 그러면 반드시 실수가 생긴다. 그것이 그의 인생관이었다.

대학을 졸업한 고타로는 조교가 되어 연구를 계속했다. 독일 유학을 다녀온 후에는 신설된 도호쿠 대학의 교수가 되어 금속 재료 연구를 계속해 대학 부속의 '금속재료연구소'를 창설했다. 이곳에서는 세계 최고의 자석 재료, 세계에서 치수 변화가 가장 적은 시계용 재료 등을 연구하고 개발하였다.

고타로는 하루에 두 번이든 세 번이든 실험실을 오가며 "어때? 잘 되고 있나? 그건 이렇게 하면 좋겠군." 같은 지도를 했다. 제자들은 쉴 틈이 없었지만 모두 고타로의 학문과 인격을 경애하며 열심히 연구에 몰두했다.

고타로의 '금속재료연구소'는 제2차 세계대전 후에도 각국 과학자들의 지원으로 폐쇄되지 않았다. 현재도 전통을 이어 받아 수많은 연구가 이루어지고 있다. 고타로는 1954년 84세를 일기로 세상을 떠났지만 과연 그답게 위독한 상태에서도 한 제자의 이름을 부르며 "연구해야 해."라고 말했다고 한다.

오네스

헬륨액화에 성공한 의지의 과학자

수소, 산소, 질소 같은 기체를 액체로 만드는 작업, 즉 액화엔 아주 아주 낮은 온도가 필요해요. 절대영도라고 불리는 −273.15℃에 가깝게 온도를 낮춰야만 기체를 액체로 만들 수 있어요. 태양에만 존재한다고 믿었던 헬륨을 지구에서 발견한 후 헬륨액화에 도전했던 카메를링 오네스. 위험한 실험 때문에 몇 번이나 실험을 중단하는 시련을 겪었지만 −269℃까지 온도를 끌어내린 결과 마침내 헬륨액화에 성공했답니다. 의지의 과학자 오네스를 만나볼까요?

사람들이 살고 있는 보통 온도에서 공기는 기체로 존재한다. 그러나 온도를 낮추면 공기 속의 산소는 섭씨 영하 193℃에서 액화(기체가 액체가 되는 것)되어 액체산소가 되고 질소는 영하 196℃에서 액체질소가 된다. 모든 물질 중에서 가장 마지막까지 액체가 되지 않고 버티는 것은 헬륨이라는 물질이다. 헬륨은 온도를 영하 269(K=4)℃까지 낮추어야 비로소 액체헬륨이 된다. 즉 더 이상 낮출 수 없는 온도인 **절대영도**(약 영하 273℃)보다 겨우 4℃ 높은 기온이다. 얼마나 낮은 온도인지 상상이나 가는가.

절대영도
섭씨온도로 영하 273.15℃를 절대영도라고 해요. 절대영도를 기준으로 하여 잰 온도를 절대온도라고 하고 켈빈(기호 K)로 표시해요. 즉 영하 269℃는 절대영도인 273℃와 4℃ 차이가 나므로 4켈빈(4K)으로 표시한답니다.

오네스의 캐스케이드

이 지독한 물질인 헬륨을 액화하는데 성공한 지독한 인물은 네덜란드의 물리학자 **오네스**였다. 그는 1882년, 채 서른이 되지 않은 나이에 레이덴 대학의 교수로 취임했다. 지금까지 연구자들은 그저 온도를 낮추어 기체를 액화하는 것을 목적으로 한 반면 오네스는 액화한 물질을 이용하여 저온환경을 만들고 그 저온에서의 여러 가지 물리현상을 주의 깊게 측정하는 것을 연구 주제로 선택했다.

오네스는 장기 목표에 들어가기 전 우선 실험에 필요한 액체공기를 대량으로 만들어낼 수 있는 제조 장치를

하이케 카메를링 오네스
(1853~1926)
네덜란드 물리학자예요. 1894년에 저온물리학연구소를 설립해 1906년 개량된 수소액화기계를 만들었어요. 1908년에는 헬륨의 액화를 처음으로 성공시켜 1913년 노벨 물리학상을 받았어요.

1892년 완성했다. 그가 만든 장치는 캐스케이드(폭포)라고 불렸다. 비슷한 장치는 그 이전에도 있었지만 오네스의 장치는 비교할 수 없을 정도로 신뢰성이 높고 규모가 큰 것이었다. '캐스케이드'는 한 시간당 14리터의 액체공기를 제조할 수 있는 능력으로 수십 년에 걸쳐 오네스의 연구실에 필요한 만큼의 액체공기를 공급해 주는 역할을 했다.

당시 과학자들은 헬륨은 태양 속에만 존재할 뿐 지구상에는 존재하지 않는다고 생각했다. 따라서 세계에서 가장 낮은 온도에서 액화하는 것은 수소라고 믿었다. 오네스를 비롯해서 **듀어**, 올세우스키가 수소 액화에 도전했는데 최초로 성공한 것은 듀어였다. 그 결과 수소가 액화되는 것은 20켈빈이라는 것을 알게 되었다.

제임스 듀어
(1842~1923)
영국 물리학자예요. 액화한 기체를 보존하기 위한 단열용기와 내부를 진공으로 한 이중 유리병(보온병)을 발명했어요. 저온현상을 연구하기 위해 이중벽 사이가 진공으로 된 플라스크를 직접 발명하여 사용하였는데 이를 듀어 플라스크라 불러요. 1898년에 수소액화에 성공하였고 다음해엔 수소의 고체화에 성공했어요.

그러나 그들이 수소의 액화를 시도하고 있는 도중인 1895년, 지구상에도 헬륨이 존재한다는 사실이 밝혀졌다. 그러자 듀어는 세계에서 가장 낮은 온도를 실현하기 위해 헬륨액화에 도전했고 오네스도 수소의 액화에서 헬륨의 액화로 목표를 바꾸었다.

2년 동안 중단해야 했던 연구활동

헬륨을 액화하기 위해서는 우선 액체수소의 온도까지 낮출 필요가

있었다. 그러나 오네스 연구소가 폭발성 기체인 수소를 대량으로 보유하고 있다는 것을 알게 된 레이덴 지방의회가 실험 중지명령을 내려줄 것을 내무부에 부탁했다. 일찍이 레이덴 운하에서 탄약을 운반하던 배가 폭발사고를 일으켜 큰 피해가 생긴 적이 있었는데 그때의 기억이 사람들의 불안을 부추겼다. 레이덴 의회의 뜻을 받아들인 정부는 위원회를 구성하여 오네스의 연구가 안전하다고 입증될 때까지 실험을 중지하라고 명령했다. 수소액화에 이어 헬륨액화에 도전하려던 젊은 과학도들의 실망은 이만저만이 아니었다.

실제로 수소의 폭발력은 화약에 비하면 문제도 되지 않을 정도로 작아서 제대로 취급한다면 그다지 위험한 것은 아니었다. 그러나 무작정 반대만 하는 정부 사람들을 설득하기란 매우 어려운 일이었다. 오네스는 해외 전문가들에게 수소를 사용한 실험이 위험한 것이 아니라는 것을 증언해주길 부탁했다. 듀어도 위원회 앞으로 실험 재개를 호소하는 편지를 계속 보냈다. 이들이 끈질기게 노력하자 위원회는 그들의 말을 들어주었다. 다행히 위원회 내부에 물리학을 제대로 이해하는 사람이 있어 오네스는 2년 후에 실험을 재개할 수 있었다. 그리고 드디어 1906년에 개량된 수소액화기계가 가동되었다.

모든 준비가 끝나다

오네스의 장치는 한 시간에 4리터의 액체수소를 제조했다. 이제 남은 도전은 헬륨 액화였다. 그러나 중요한 문제가 발생했다. 헬륨을 액화하기 위해서는 충분한 양의 순도 높은 헬륨이 있어야 했다. 오네스와 듀어는 헬륨을 구하기 위해 백방으로 노력했지만 결코 쉬운 일이 아니었다.그러나 노력이 결코 헛되지 않아 오네스는 상업정보국 공무원인 형의 협조를 얻어 헬륨을 포함하는 모나자이트 광석을 북캘리포니아에서 어렵게 수입할 수 있었고 거기에서 300리터의 헬륨가스를 추출할 수 있었다. 이제 남은 문제는 헬륨가스를 액화하는 일이었다.

헬륨을 액화할 수 있는 액화기계를 조립하기 위해서는 우수한 유리

공이 필요했다. 오네스는 그것을 미리 예견하고 1901년 자기의 저온연구소에 유리공 양성학교까지 세웠다. 액화기계 한 대를 조립하기 위해 유리공을 양성하는 학교까지 세운 것이다.

오네스는 또 등온선의 측정 결과로 헬륨은 5켈빈에서 6켈빈 정도까지 냉각하면 액체가 된다는 것을 밝혔다. 이로써 헬륨 액화를 위한 준비들이 하나씩 이루어졌다.

드디어 헬륨 액화에 성공하다

1908년에 드디어 헬륨을 액체로 만들어줄 액화기계를 완성했다. 그리고 마침내 헬륨액화 실험이 개시했다. 우선 액화수소에 의해 기계가 차갑게 냉각되고 이어서 헬륨이 서서히 기계 속에 주입되었다. 모두들 숨을 죽인 채 헬륨이 액화하는 순간을 조용히 기다렸다. 그러나 헬륨이 기계를 순환하며 팽창을 반복함과 동시에 온도가 내려가야 하는데 온도계의 바늘은 꿈쩍도 하지 않았다. 불안한 마음으로 기계에 부착된 밸브를 이것저것 조정하자 드디어 온도가 내려가기 시작했다. 여기저기서 안도의 한숨이 터져나왔다. 얼마 후 온도계의 바늘은 4.2켈빈을 가리키며 멈춰버렸다. 모두의 시선이 액화기계 안으로 쏠렸다. 그동안의 노력이 결실을 맺는 순간이었다. 그러나 기구 속에서는 헬륨이 액화한 어떤 흔적도 찾아볼 수 없었다. 실패였다. 오네스와 듀어는 너무나 실망한 나머지 서 있을 기운조차 없었

다. 헬륨액화를 위해 연구하고 노력했던 수많은 밤들이 스쳐지나갔다. 아, 이 실험은 실패로구나 하는 생각에 모두들 괴로운 표정들이었다. 그때 우연히 그곳을 지나가던 친구 화학자가 침울하게 앉아있는 사람들에게 농담처럼 한마디를 던졌다.

"이보게들, 온도계가 더 이상 내려가지 않는 것은 보면 어쩌면 이미 액체가 되어 있기 때문이 아닐까?"

그의 말을 들은 연구원 한 명이 불빛을 비춰 용기 안을 자세히 살펴보기 시작했다. 밝은 불빛 아래서 액체 면이 서서히 드러나기 시작했다. 모두들 얼싸안고 환호성을 질러댔다. 실험은 성공이었다.

그러나 오네스는 이 실험 결과에 만족하지 않았다. 그는 진공 펌프로 헬륨을 감압함으로써 온도를 1.7켈빈까지 낮추는데 성공했다. 또 더 강력한 진공펌프를 사용한 실험을 거듭하고 거듭해 최종적으로는 0.81켈빈까지 기록을 연장시켰다. 그의 기록은 1933년에 '단열소자' 라는 새로운 냉각법이 개발될 때까지 깨지지 않았다.

계속되는 연구활동

헬륨액화에 성공한 것은 1켈빈까지의 온도를 손에 넣은 것이다. 저온의 물리현상 속에서 오네스는 금속의 전기저항에 흥미를 느꼈다. 어떤 물리학자는 금속이 전기를 통하는 것은 전자가 기체처럼 운동하기 때문이고, 온도를 낮추면 운동에너지를 잃어 전기저항이 상승할 것이라고 생각했다. 또 다른 물리학자는 전혀 다른 이론을 생각했다.

초전도 현상
어떤 물질이 절대영도에 가깝게 냉각되면 전기저항이 거의 완전하게 없어지는 성질이에요.

실험가였던 오네스는 수은 시료(실험에 쓰이는 물질)에 대해 전기저항 측정을 계속했다. 그러자 수은의 전기저항은 저온으로 하면 갑자기 제로가 되어 버린다는 의외의 결과가 나왔다. 당초 오네스는 실험 장치에 뭔가가 빠져있기 때문이라고 생각했지만 실험 장치에 아무런 문제가 없었으므로 실험 결과가 옳다고 확인했다. 이것이 바로 오늘날 '초전도' 라고 불리는 현상이다. 오네스가 실험이 잘못되었다고 생각한 것은 당연한 일로 물리학자들은 1957년까지도 **초전도 현상**을 설명하지 못했다.

오네스는 헬륨의 액화와 저온에서의 물리현상에 대한 연구로 1913년에 노벨 물리학상을 받았다.

제너

천연두의 공포에서 인류를 구한 시골의사

인간의 생명을 위협하는 가장 두려운 병, 천연두. 천연두의 공포에서 인류를 구한 영국인 의사 제너는 자기 아들에게 천연두 실험을 한 냉혈한이라는 소문에 시달려야 했어요. 과연 사실이었을까요?

"제너라는 사람을 아십니까?" 라는 질문을 받는 사람들 중에는 '종두법을 개발하기 위해 자기 아들을 종두 실험에 이용했던 사람' 이라고 대답하는 사람들도 있다. 언뜻 들으면 제너는 아들마저도 실험 대상을 삼을 만큼 피도 눈물도 없는 냉혈한처럼 느껴질 것이다. 하지만 그것은 잘못된 사실이다. 제너는 자기 아이에게 실험하지 않았다. 그렇다면 왜 그런 나쁜 소문에 휩싸이게 된 것일까?

신의 재앙, 천연두

제너가 태어나기 이전부터 천연두는 사람들의 목숨을 위협하는 가장 두려운 질병이었다. 천연두는 고열이 이어지면서 전신에 고름이 흐르고 발진이 생기는 병으로 한번 걸렸다 하면 사망률이 10~20%에 달했고 운 좋게 병이 나은 사람도 보기 흉한 곰보가 되었다. 18세기 유럽에서는 100년간 6천만 명, 1년으로 환산하면 60만 명이나 되는 사람들이 이 병으로 죽어갔다고 한다. 프랑스 국왕 루이 15세도 그중 한 사람이다. 그만큼 천연두는 인류에겐 두렵고 무서운 질병이었다.

오랜 세월이 흐르면서 사람들은 천연두에 한 번 걸렸던 사람은 다시는 이 병에 걸리지 않는다는 사실을 경험적

에드워드 제너
(1749~1823)
영국 출신 의사예요. 우두에 감염되었던 사람들은 평생 천연두에 걸리지 않는다는 지방 사람들의 이야기를 근거로 종두법을 연구해 1798년 《우두의 원인과 효과에 관한 연구》라는 책을 출간했어요. 여기에 실린 종두법에 대해 영국에서는 반대론이 강했지만 우두접종 효력이 점차 인정되어 1803년엔 런던에 우두접종 보급을 위한 왕립제너협회가 설립되었어요. 그 결과 천연두로 인한 사망자 수가 많이 줄었답니다.

으로 알게 되었다. 그래서 아이들에게 일부러 천연두의 고름을 피부에 심는 방법으로 병을 약하게 앓게 하는 일이 성행했다. 이 방법으로 천연두를 앓으면 대부분 가벼운 증상에 그쳤다. 때문에 당시 영국에서는 많은 의사들에 의해 이 '인두술'이 행해졌다. 제너 자신도 어렸을 때 접종했고 의사가 된 후에는 많은 사람들에게 접종해 주었다. 그러나 그 중에는 부작용으로 인해 사망하는 사람이 생겼으며 오히려 감염이 확대되는 비극도 발생했다.

어떻게 하면 천연두를 예방할 수 있을까?

의사가 된 제너는 어떻게 하면 천연두를 예방할 수 있을까 연구에 연구를 거듭했다. 그러던 중 소젖을 짜거나 양을 기르는 시골 여자보다 도시 여자들에게 곰보가 더 많다는 것에 주목했다. 또 소젖을 짜는 여자에게서 "나는 천연두에 절대 걸리지 않아요. **우두**에 걸린 적이 있으니까요."라는 말을 듣고 천연두 예방을 위해 위험한 '인두' 대신 우두를 접종하면 어떨까 하고 생각하였다.

우두
우두는 사람의 천연두 바이러스와 비슷한 바이러스에 의해 걸리는 소의 피부병이에요. 사람이 우두에 걸리면 가벼운 증상만 보이다가 회복되요. 밑에 그림은 우두에 걸린 사람의 손이에요.

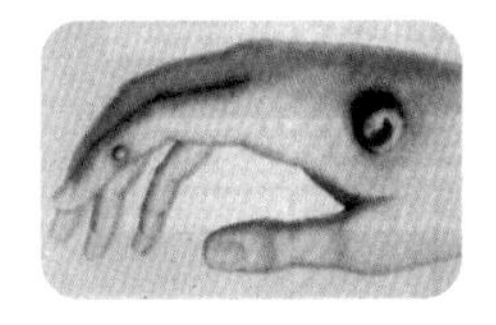

이 발상 자체는 그리 어려운 것이 아니었지만 '소의 피부질환인 우두를 사람이 앓으면 천연두를 예방할 수 있다.'는 사실을 증명하기란 매우 어려운 일이었다. 제너가 뛰어난 점은 그것을 정확하게 실증해 보였다는 데 있다.

우선 제너는 조카인 헨리 제너와 함께 우두에 걸렸던

적이 있는 19명의 환자 피부에 천연두 고름을 심어보았다. 그 결과, 모두 피부가 빨갛게 될 뿐 천연두의 증상인 두포는 생기지 않았다. 제너는 이 같은 실험 관찰을 몇 차례 거듭한 후 이번에는 인공적으로 우두를 심어보기로 하였다.

1796년 5월, 우두에 걸린 사라 넬무즈의 손에 난 수포에서 고름을 채취한 후 당시 8세였던 제임스 피프스(제너의 아들이 아니에요. 어떤 소년인지 알려져 있지 않아요. 기록에는 이름과 나이가 있을 뿐 다른 것은 전혀 기록이 없답니다.)에게 접종했다. 우두에 걸린 소년은 1주일 후 미열이 났지만 곧 떨어졌다. 약 6주 후인 7월 1일, 제너는 떨리는 마음으로 제임스의 팔에 천연두를 접종했다. 만일 제너의 예상이 틀린 것이라면 소년은 천

연두로 사망할지도 모를 일이었다. 아마도 제너가 자기의 아들을 실험 대상으로 삼았다는 소문은 이런 위험에도 불구하고 제임스에게 우두 접종 실험을 했기 때문에 나온 것으로 생각된다. 제너는 매일같이 제임스의 건강 상태를 체크했다. 그러나 제임스는 천연두로 여겨질만한 어떤 증상도 보이지 않았다. 소년은 건강한 상태 그대로였다. 제너의 예상이 맞았음이 증명되는 순간이었다.

그러나 이 한번의 실험만으로 모든 사람들에게 우두를 접종할 수는 없었다. 예상치 못한 부작용이 생길 경우를 대비해 제너는 다시 한번 실험을 해보고 싶었다. 그는 우두 환자가 나오기를 끈질기게 기다렸고 2년 후에 기회가 왔다. 제너는 한 고아원에서 우두에 걸린 5세, 6세, 7세의 여자아이와 11개월, 12개월 된 남자 아기에게 다시 접종 실험을 해 성공을 거두었다. 이렇게 해서 제너에 의해 안전한 종두법이 개발되었다. 전혀 병에 걸릴 걱정 없이 천연두를 예방할 수 있게 된 것이다.

제너는 이러한 실험 결과를 왕립협회에 논문으로 제출했다. 그러나 왕립협회는 '이 논문은 당신이 지금까지 쌓은 과학상의 명예를 손상시키게 될 것'(당시 과학계에서는 사람과 소의 병이 관련 있다는 그의 주장을 받아들이기 어려웠던 모양이에요. 또 일반 사람들 사이에서 우두를 맞으면 소로 변해 머리에 뿔이 생긴다는 소문도 퍼져 있었어요.) 이라며 상대하지 않았다. 그러나 그는 포기하지 않고 논문을 자비 출판했다. 또 가난한 사람들에게 무료로 하루에 300회나 종두를 접종해 스스로의 주장이 옳다는 것을 증명해 보였다. 한 시골의사의 끈질긴 노력으로 인류는 천연두라고 하는 무서운 재앙의 그늘에서 벗어날 수 있게 되었다.

뉴턴과 라이프니츠

미 적 분 의 　주 인 공 은 　누 구 인 가 ?

뉴턴과 라이프니츠 사이에 벌어진 미적분을 둘러싼 타이틀매치는 영국과 독일 간의 국가적 분쟁으로까지 번진 대사건이었어요. 뉴턴이 라이프니츠보다 먼저 미적분을 발견했다고 알려져 있지만 미적분을 먼저 공식 발표한 사람은 라이프니츠였죠. 당시 학계에서는 논문이나 저서를 통해 먼저 이론을 발표한 사람에게 선취권을 주었기 때문에 누가 미적분의 주인인지를 밝히는 것은 아주 어려운 문제였어요. 과학의 역사 중에는 아주 비슷한 시기에 아주 비슷한 발견이나 발명 등을 하는 일들이 자주 일어나죠. 따라서 누가 발견사의 영예를 차지하는가 하는 문제는 늘 갈등의 대상이 되었어요.

캠브리지 대학의 신동

아이작 뉴턴
(1642~1727)
영국 물리학자이자 수학자예요. 미적분법을 발견했고 만유인력의 법칙 발견, 반사망원경 발명 등 중요한 업적들을 많이 남겼어요. 자신의 연구를 토대로 1687년 펴낸 《프린키피아》는 물리학의 수학적 법칙을 밝힌 고전으로 널리 알려져 있어요.

영국의 명문 캠브리지 대학에는 이 대학 졸업생인 **뉴턴**의 멋진 동상이 있다. 이 동상은 지성이 넘치는 젊은 시절 뉴턴의 모습을 본뜬 것이다. 아래에서 올려다보면 신동이라고 불렸던 뉴턴의 넘치는 자신감이 뚝뚝 떨어져 내릴 것 같은 느낌이다. 이 당당한 천재 과학자가 미적분의 선취권을 가지고 라이프니츠와 보기 흉할 정도로 논쟁을 거듭했다는 것은 아무도 상상하지 못할 것이다.

뉴턴은 1642년, 영국에서 미숙아로 태어났다. 아버지는 그가 태어나기 몇 개월 전에 사망했다고 한다. 뉴턴은 18세에 캠브리지 대학 트리니티 칼리지에 입학하여 고작 22세에서 24세까지라는 짧은 기간에 이항정리와 **만유인력 법칙**의 기초, 빛의 합성원리 등 획기적인 발견을 거듭했다. 26세 때 캠브리지 대학의 교수로 임명되어 수학을 담당했다. 그 후 영국에서 가장 권위 있는 왕립협회의 회원이 되었다. 그리고 물리학 사상 가장 유명한 저작으로 손꼽히는 《자연철학의 수학적 원리》(통칭 《프린키피어》)를 간행하여 부동의 지위를 구축했다. 후에는 수학이나 물리학보다도 정치적인 일에 관여하는 일이 많아져 국회

만유인력의 법칙
2개의 물체에 작용하는 만유인력의 크기는 물질의 질량에 비례하고 물체 간 거리의 2승에 반비례한다는 법칙이에요. 즉 지구 주위를 도는 달과 땅으로 떨어지는 사과가 같은 힘에 의해 운동을 한다는 법칙이에요. 뉴턴은 사과가 나무에서 떨어지는 것을 보고 이 법칙의 힌트를 얻었다고 하는데 이것은 후세에 만들어진 이야기인 것 같아요. 물리학자들은 뉴턴이 케플러의 법칙을 통해 만유인력을 알아냈을 거라고 생각하고 있어요.

의원에 선출되기도 하고 조폐국 장관으로 임명되기도 하였다.

과학사의 동시 발견

과학사에서 보면 가끔 우연한 장난이나 필연의 결과로 각기 다른 과학자가 동시에 똑같은 것을 발견하는 일이 있다. 그럴 경우 각각의 과학자가 같은 것을 발견했다고 해도 제 1발견자로서 공식적으로 인정받은 과학자 쪽이 역사에 이름을 남기게 된다. 그러므로 제 1발견자로서의 '선취권'을 얻기 위해 시시각각 경쟁하는 일이 종종 일어난다. 예나 지금이나 선취권을 인정하는 공적인 기관은 없으나 대부분의 경우 학술잡지나 저서에 연구 성과를 먼저 발표한 사람에게 그 영예가 주어진다.

동시 발견의 유명한 예는 줄, 헬름홀츠, 마이어 세 사람에 의해 동시에 발견된 '**에너지 보존의 법칙**', 파셀과 블록에 의해 동시 발견된 '핵 자기공명' 등을 들 수 있다.

에너지 보존의 법칙
에너지는 한 형태에서 다른 형태로 전환될 때 그 전환 과정에서 모습은 변하더라도 전환 전후의 에너지 총합은 변하지 않고 언제나 일정하다는 법칙이에요.

그러나 과학사상 가장 유명하고 과격한 선취권 싸움은 뉴턴과 라이프니츠 사이에서 벌어졌던 미적분을 둘러싼 분쟁이라고 해도 과언이 아니다. 이 대논쟁은 국가가 개입하는 대소동으로 번져 지금까지 이야기된다.

뉴턴의 라이벌, 라이프니츠

빌헬름 라이프니츠
(1646~1716)
독일 과학자이자 철학자예요. 세계적인 천재로 불려요. 어릴 적부터 각종 언어에 능통했고 수학, 신학, 철학, 법학 등의 지식을 쌓았어요. 외교관으로도 많은 공을 쌓았고 기계식 디지털 계산기를 발명하기도 했죠. 미적분법의 발견을 두고 뉴턴과 치열한 선취권 경쟁을 벌인 인물이에요.

뉴턴 같은 대 천재와 격렬한 선취권 싸움을 하려면 그에 뒤지지 않을 정도의 재능이 필요하다. 그러면 미적분의 선취권 싸움으로 뉴턴의 최대 라이벌인 **라이프니츠**는 대체 어떤 인물이었을까?

라이프니츠는 17세기를 대표하는 학자로 1646년 독일에서 태어났다. 그는 주로 철학자, 수학자로 알려져 있지만 그밖에도 물리학과 지리학, 언어학 등에서도 훌륭한 공적을 남겼다. 당시 그는 학문의 거의 모든 분야에 통달해 있었기 때문에 '근대의 아리스토텔레스'라고 불리기도 했다. 또 뉴턴과 마찬가지로 학문 외의 일에도 관여하여 외교관,

법률가로서도 크게 활약했다. 그 정도라면 천재 뉴턴과 정면으로 승부하기에 적합한 인물이라고 할 수 있을 것이다.

미적분의 동시 발견

뉴턴은 1665년, 라이프니츠보다 먼저 미적분법을 발견했다고 알려져 있다. 당시는 페스트 때문에 대학이 휴교 상태에 있었는데 뉴턴은 이 기간에 전술의 이항정리와 만유인력 등을 차례로 생각해냈다. 그러나 미적분법의 기본적인 이론을 정식 논문으로 정리하여 발표한 것은 뉴턴보다 라이프니츠가 먼저였다. 놀랍게도 이 두 사람은 완전히 독립된 상태에서 아주 비슷한 미적분법을 발견해냈다.

당시만 해도 두 사람 사이에 대립은 없었다. 사실 뉴턴은 《프린키피어》에 자기와 라이프니츠가 같은 미적분법을 생각했다는 것을 대수롭지 않게 기술하였다.

유럽에서는 뉴턴이 처음으로 미적분법을 발견했다는 사실이 아직 알려지지 않았다. 라이프니츠가 뉴턴의 《프린키피어》 간행 3년 전에 미분법을, 1년 전에 적분법을 발표했으므로 독일을 비롯한 여러 나라에서는 그가 미적분법의 고안자라고 생각하고 있었다. 뉴턴과 라이프니츠는 미적분법에 이른 경과와 계산의 표기 등이 상당히 달랐기 때문에 서로 선취권을 다툴 정도까지 의식하지 못했던 것 같다.

엉뚱한 사람에 의해 대논쟁으로 발전하다

그러나 파티오라는 뉴턴의 신봉자가 나서면서 평화롭던 뉴턴과 라이프니츠 사이에 불꽃이 튀게 되었다. 파티오는 "사람들은 라이프니츠가 미적분을 발견했다고 생각하지만 이것은 분명 뉴턴의 아이디어를 훔친 것이다."라고 주장하고 다녔고 라이프니츠는 이에 대해 사실이 아니라고 반론했다. 그러자 뉴턴도 재반론에 나서면서 드디어 논쟁은 진흙탕 속에 빠지고 말았다.

이후 라이프니츠는 베를린 과학아카데미의 원장으로, 뉴턴은 왕립협회의 회장으로 취임하면서 논쟁은 점점 확대되었다. 거기에 애국심 강한 일반인도 참여하면서 드디어 영국 대 독일이라는 국가 간의 논쟁으로까지 발전하게 되었다.

그 후 뉴턴보다 어린 라이프니츠가 먼저 세상을 떠남으로써 사태는 진정되었으나 라이프니츠의 미적분법을 인정하지 않았던 영국은 이 영향으로 수학에서 100년 가까이 뒤지게 되었다.

선취권을 다투는 과학자끼리의 싸움은 어느 시대에나 일어날 수 있는 일이다. 그러나 아무 관계없는 제 3자가 끼어들어 일어난 이 쓸데없는 국가적인 논쟁은 과학사의 비극이라고 하지 않을 수 없다. 원래 과학자는 과학이라는 링 위에서만 승부를 겨루면 되는 것이지만 정치적인 의도가 개입하면 그렇게만은 안 되는 것 같다.

볼프

너무 앞선 학설 때문에 외면 받은 생물학자

옛날 사람들은 이미 수정란 안에 완벽한 인간의 모습을 가진 작은 아기가 들어 있다가 이것이 커져서 아기로 태어난다고 믿었다고 해요. 우리도 어린 시절엔 이런 생각들을 참 많이 했죠? 사람들의 이런 믿음에 대해 수정란 속엔 아무것도 없고 생명에만 있는 신비한 힘으로 그 생물의 몸이 만들어진다고 주장한 사람이 있었어요. 독일의 외과의사였던 볼프였죠. 그가 만들어낸 발생에 관한 이론은 그러나 당시 사람들에겐 아무런 감동도 주지 못했어요. 너무나 앞선 학설을 발표했었기 때문에 그의 이론은 사람들 사이에서 50여 년간이나 잊혀져야 했죠.

배엽이라는 말의 수수께끼

난자와 정자가 수정을 하고 이것이 태아가 된다. 그 동안 수정란은 세포분열을 거듭하면서 여러 가지로 모양을 바꿔나간다. 이 과정을 '발생'이라 하고 또 이 동안의 태아를 '배(胚)' 라고 한다.

배를 만드는 세포는 점차 세 개의 세포층으로 나뉜다. 이 세포층이 몸의 각 조직과 기관을 만들어나가는 것이다. 이 세포층을 '배엽(胚葉)' 이라고 한다. 그러나 왜 동물의 세포층을 설명하면서 '엽(葉 · 잎 엽)' 자를 사

용한 것일까? '엽' 자는 나무의 잎을 의미하는데 말이다.

배엽은 영어로는 germinal layer이며 의미는 '배층(胚層)' 이다. 그러나 독일어로는 Keimblatt로 '배엽' 이라는 의미다. blatt에는 '엽(葉)' 이외에 '평평하고 얇은 것' 이라는 의미도 있으므로 영어의 '배층' 의 의미와도 맞다. 그러나 '엽(葉)' 자가 사용된 데는 과학사 속에 의외의 진상이 숨어 있다.

생물의 몸은 어떻게 이루어져 있나

배엽이라는 말이 만들어진 것은 18세기 독일에서다. 그 당시에는 생명현상 전반에 **기계론**적인 견해가 도입되어 있었다. 예를 들면, 무에서 유는 생길 수 없는 것이므로 정자와 난자 속에는 이미 작은 태아의 구조가 있고 그것이 커져서 볼 수 있게 된 것이 '발생' 이라는 견해였다. 어느 학자는 사람의 정자를 현미경으로 관찰하고 사람의 몸과 비슷한 구조를 발견해 스케치를 남기기도 했다. 사람이 선입관을 가지고 보면 존재하지 않는 것까지도 보게 된다는 좋은 예이다.

기계론
모든 자연현상은 어떤 법칙으로 설명해야 한다고 주장하는 학설이에요. 따라서 실제로 관찰할 수 없는 것들이나 수학의 방법으로 탐구할 수 없는 신비스런 성질은 과학에서 제거해야 한다고 주장했어요.

이렇게 당시의 생명에 대한 기계적인 내용은 지나치게 단순한 경향이 있어 반발도 있었다. 특히 독일에서는 낭만주의적인 자연철학의 전통이 있어 생명을 신비하게 보는 경향이 있었다. 따라서 생명에 대한 기계론적인 견해에 대한 반발은 특히 컸다. 아마도 생명이나 인간에 대한 모독으로 느꼈을 것이다. 그런 생각을 생물학 연구에서 언급한 사람이 독일의 볼프이다.

신비한 힘에 의해 생물은 만들어진다

캐스퍼 브리드리히 볼프
(1733~ 1794)
독일 발생학자예요. 발생학의 아버지로 불려요. 볼프는 처음으로 '발생이란 아직 분화되지 않은 작은 물질이 분화과정을 거쳐 완전한 성체가 되는 것'이라는 개념을 발표했어요. 하지만 이 발견은 50년간 잊혀져야 했죠.

볼프는 베를린 의학교의 졸업 논문 테마로 '발생'을 선택했다. 그리고 그 재료로 예로부터 사용해 오던 달걀뿐 아니라 식물의 생장점도 관찰했다. 식물은 싹의 끝에서 왕성하게 세포분열을 하는데 새로 생겨난 세포는 분화하여 줄기나 잎, 혹은 꽃을 형성한다. 이 모습을 현미경으로 관찰한 볼프는 아무 것도 없는 싹의 끝이 잎이나 꽃이 되는 모습을 보고 생명의 신비에 감동했다. 또 그는 이를 보면서 생명을 기계구조로 이해하려는 당시의 견해에 의문을 품게 되었다.

그래서 수정란 속에 이미 작은 사람이 들어있다는 따위의 이론은 틀린 것이며 생명에만 있는 신비한 힘으로 그 생물의 몸이 형성되는 것이라고 생각했다. 이것은 당시 많은 생물학자의 생명관에 대한 공격이었다.

1759년에 출판한 박사논문 〈발생의 이론〉은 놀라운 것이었지만 당시의 학회에는 받아들여지지 않았다. 따라서 기대하던 교수 지위도 얻지 못하고 말았다. 그는 러시아에서 교수직을 얻어 나머지 반생을 거기서 보냈다.

너무 앞선 학설, 생물학계로부터 외면 당하다

싹의 끝에서 생겨나는 잎은 점점 변한다. 발아해 금새 떡잎이라는 간단한 잎을 만들다가 이윽고 무럭무럭 자라서 복잡한 잎이 생긴다. 마지막에는 꽃받침이나 꽃잎, 암술, 수술 등도 생긴다. 볼프는 식물의 구조에서는 '잎' 이 기본이라고 생각했다. 그래서 그가 동물을 관찰했을 때 이것이 생각났던 것 같다.

동물은 발생에 있어 세 종류의 세포층이 생기고 그것을 기초로 여러 가지 기관이 생긴다. 그는 이들 세포층이 식물의 '잎' 에 해당한다고 생각하

여 '배엽' 이라고 이름 지었다.

1768년 볼프는 러시아 학사원을 통해 〈장의 발생에 대하여〉라는 논문을 출판했다. 여기에는 닭, 특히 장의 형성과정에 주목한 연구를 발표했다. 발생 과정에서 1층의 평평한 세포층(배엽)이 통로를 만들고 다시 관 모양으로 닫혀서 장이 되는 것이다. 즉, 달걀 속에 관 모양의 장이 이미 만들어져 있는 것이 아니다.

볼프는 달걀 속에 태아의 형태를 만들게 하는 '본질적인 힘' 이 있다고 상정했다. 이것은 무생물에게는 없는 신비로운 것이다. 이 때문에 기계론적인 사고가 주류를 이루던 당시 생물학자들에게 무시 당했다.

50년이 지나서야 되찾은 명예

볼프의 사망 후 50년이 지나서야 그의 관찰이 옳았다는 것이 인정되었고 논문은 다시 주목을 끌었다. 게다가 배엽에 대한 견해는 많은 다세포 동물의 '발생' 에도 적용할 수 있었다. 발생을 단순한 기계론적 방법으로는 다 설명할 수 없다는 것을 알게 된 것이다. 발생학에서 신비적 요소가 완전히 제거된 것은 20세기 이후의 일이다. 그러나 신비한 생명관으로 시작한 볼프의 연구에서 정확한 발견이 나올 수 있었다는 것은 참으로 신기한 과학의 아이러니다.

슐라이덴

세포설이라는 위대한 발견 뒤에 숨겨진 실수

독일의 생물학자 슐라이덴과 슈반은 1838년과 1839년, 식물의 세포설과 동물의 세포설을 각각 발표했어요. 두 사람은 모두 베를린 대학 연구원들이었는데 어느 날 함께 식사를 하다가 서로의 연구에 대해 알게 되었다고 해요. 이들이 발표한 세포설은 다윈의 진화론에 버금가는 중요한 발견으로 인정받고 있어요. 그러나 슐라이덴은 세포의 구조에 대해 연구하면서 아주 중요한 실수를 했다는군요. 도대체 어떤 실수였을까요?

세포설이란?

'세포' 를 모르는 사람은 없을 것이다. 인간을 비롯해 모든 생물의 구조는 세포로 이루어져 있다. 그리고 그 하나하나의 세포가 살아서 움직이는 것이 생명활동으로 나타나는 것이다. 이렇게 생물의 구조와 작용 두 가지 면에서 세포는 생물의 기본단위라고 할 수 있다. 이러한 생각을 '세포설' 이라고 하는데 이 설을 이야기하려면 **슐라이덴**과 **슈반**이라는 학자를 빼놓을 수 없다. 슐라이덴은 식물을, 슈반은 동물을 통해서 각각이 세포설을 발표했다. 게다가 발표도 1838년과 1839년으로 1년 차이가 난다. 이 두 사람은 대체 어떤 관계일까?

마티아스 슐라이덴
(1804~1881)
독일 식물학자예요. 모든 생물은 세포로 구성되어 있다는 세포설을 확립했어요. 또 세포가 분열할 때 핵이 관련되어 있다는 것도 발견했어요.

테오도르 슈반
(1810~1882)
독일 동물학자예요. 슐라이덴이 식물 세포설을 발표한 지 1년 뒤에 동물 세포설을 발표했어요. 살아있는 조직에서 일어나는 화학적 변화를 물질대사라고 불렀고 이외에도 동물세포의 부패 과정 중 미생물의 작용을 밝혔어요. 또 난세포 수정란에서 완전한 개체가 발생하는 것을 관찰하여 발생학의 기본 원리를 세우기도 했답니다.

과학사에 남을 유명한 에피소드

사실 이 두 사람에 관해서는 과학사에서도 상당히 유명한 에피소드

가 있다. 그들은 모두 독일 베를린 대학의 연구원이었다. 슐라이덴은 식물학자, 슈반은 동물학자로 같은 대학 내에서 각각 생물의 몸이 무엇으로 이루어져 있는지를 연구하고 있었다. 그들은 각자 여러 종류의 생물 조직을 조사하는 가운데 식물과 동물의 몸이 세포로 되어 있는 것 아닐까 하고 생각하게 되었다. 그러나 모든 생물의 조직을 관찰하기는 불가능한 일이었기 때문에 둘 다 확신을 갖지 못한 채 연구를 계속하고 있었다.

1837년 10월 어느 날, 두 사람은 우연히 식사를 같이하게 되었다. 당연히 화제는 각자의 연구 이야기였다. 자신이 하는 연구의 종류와 연구 성과에 대해 이런 저런 이야기를 나누던 두 사람은 그만 깜짝 놀라고 말았다. 놀랍게도 두 사람 모두 같은 생각을 하고 있었던 것이다. 즉 '식물이나 동물

모두 세포로 이루어져 있고 세포에는 반드시 핵이 하나 있다.' 는 생각이었다.

서둘러 식사를 끝낸 두 사람은 슈반의 연구실로 한달음에 달려갔다. 그곳에는 슈반이 연구하고 있는 동물의 세포조직이 있었다. 그곳에서 슐라이덴은 동물 세포를 관찰했고 그것이 자기가 연구하고 있는 식물의 세포와 똑같다는 것을 확인했다. 정말 놀랄만한 일이었다. 식물이나 동물이나 그 몸은 세포로 이루어져 있는 것이다.

두 사람은 자기들이 생각한 세포설이 맞다는 것을 확신하고 감격에 겨워 두 손을 굳게 잡았다. 슐라이덴은 '식물의 몸은 세포로 되어 있는 것 같다. 그러나 모든 식물이 그런 것일까? 식물체의 어느 부분이나 다 세포인 것일까?' 하고 생각하며 연구를 하고 있었는데 그것과는 전혀 다른 동물까지도 세포로 이루어져 있다니 정말 놀라지 않을 수 없었다. 슈반도 역시 마찬가지였다. 너무나 혁신적인 발상이라 누구에게도 말하지도 의논하지도 못했던 일이었는데 놀랍게도 식물과 동물, 모두에서 세포의 존재를 발견하다니 그저 놀랍고 감격스러울 뿐이었다. 믿음직한 동료 연구가가 있다는 사실은 두 사람 모두에게 큰 용기를 주었다.(지금은 생물이라는 분류로 한데 묶여 있는 식물과 동물은 그 당시만 해도 전혀 다른 것이라고 생각했어요. 식물학과 동물학도 지금보다 훨씬 다른 분야의 학문으로 파악했고요.)

어느 정도 확신을 갖게 된 두 사람은 더욱 연구에 몰두하였고 슐라이덴은 1838년, 슈반은 그 다음해인 1839년에 각각 식물과 동물의 세포설을 발표했다.

화를 잘 내는 슐라이덴

그런데 식물의 세포설을 주장한 슐라이덴은 재미있는 경력의 소유자로 유명하다. 식물의 세포설이라는 아주 중요한 발견을 해낸 그가 정작 대학에서 맨 처음 공부한 것은 법률이었다. 졸업 후엔 전공을 살려 법정변호사로 일했는데 변호사로서의 일이 난관에 부딪치자 그만 권총자살을 기도했다. 그러나 다행스럽게도 자살기도는 실패로 끝났다. 죽음의 문턱에서 다시 살아난 슐라이덴은 마음을 고쳐먹고 다시 대학에 입학해 이번에는 철학과 의학, 식물학을 연구했다.

타고난 재능은 뛰어났던 듯 식물학에서 금방 두각을 나타내었다. 그러나 울컥하는 기분을 잘 참지 못하는 성격이어서 그의 저서 속에는 굉장히 격렬한 표현이 많다고 한다. 지나치게 과격한 표현에 출판사가 좀더 점잖은 표현으로 고쳐달라고 부탁할 정도였다.

우선 공격의 표적은 동료 식물학자들이었다.

"식물학자란 시골 말투의 라틴 이름으로 된 물건을 팔려고 내놓은 잡화상, 꽃을 쥐어뜯어 말려서 이름을 달고 종이에 붙이는 사람, 그런 마른 풀에 전지전능을 일으키는 사람들"이라고 썼다. 당시의 식물학들이 분류학 중심이어서 새로운 식물을 발견하거나 이름 짓는데 혈안이 되어 과학적인 사고나 실험을 중시하지 않는 풍토를 풍자한 것이다.

또 당시 독일에서는 낭만주의적인 자연철학이 유행하여 생명에 대해서도 신비적인 사고가 지배했다. 슐라이덴은 이러한 것들이 생물학의 발전을 가로막는다고 생각했다.

슐라이덴은 이러한 현상을 헤쳐나가기 위해서 어떻게 할까 고민했다. 그리고 물질이 분자와 원자로 되어 있다는 생각이 화학을 발전시킨 것처럼 식물학에서도 생물의 몸이 무엇으로 되어 있는가를 밝히면 연구 대상이 명확해져서 발전할 것이라는 생각을 하게 되었다. 그리고 그는 식물의 조직을 현미경으로 관찰하기 시작했다.

과잉의욕이 낳은 세포설의 착오

그 성과는 세포설이라는 형태로 나타났다. 실은 꽤 오래 전부터 현미경으로 생물을 관찰했다. 많은 연구자들이 '세포'를 관찰하고 있었던 것이다. 그러면 그들은 왜 '세포설'을 생각하지 못했던 것일까. 그것은 슐라이덴이나 슈반과 같은 문제의식을 느끼며 관찰하지 않았기 때문이라고 할 수 있다. 그야말로 콜럼버스의 달걀과도 같다.

그러나 그는 사실 커다란 실수를 범했다. 세포의 구조에 관한 것이 그것이다. 슐라이덴은 세포가 결정(結晶)과 비슷한 구조로 되어 있는 것은 아닐까 하고 생각했다. 즉 체액 속에 핵소체가 심(芯)이 되어서 핵이 생기고 그 주위에 세포질이 생겨 세포가 만들어진다고 생각한 것이다. 어떻게든 물리학이나 화학처럼 설명하겠다는 마음이 엿보인다. 그는 무엇보다 식물학에서 신비적인 것을 제거하고 싶었던 것이다. 강인한 그의 성격과 당시의 상황이 이런 실수를 낳았다. 슈반도 이 설명에 수긍하고 자기 논문에 인용했다.

슐라이덴, 실수를 인정하다

이렇게 해서 세포설이 발표되자 세포의 증식 방법에 관한 반론이 바로 발표되었다. 그러나 슐라이덴이 그렇게 간단히 자기의 과실을 인정할 사람이 아니다. 강경하게 때로는 험악하게 반대자들을 공격했다. 그러나

후배이며 슐라이덴과 공동으로 식물학 잡지를 편집하던 네겔리가 그 잡지를 통해서 선배의 실수를 지적하자 서슬이 시퍼렇던 슐라이덴도 실수를 인정하지 않을 수 없었다.

네겔리는 그 후에도 세포에 대한 연구를 계속하면서 세포분열 전에 핵이 분열하는 모습을 직접 관찰했다. 그러나 네겔리 역시도 이것을 아주 특수한 예로 생각했다. 슐라이덴의 영향으로 그도 세포의 핵만큼은 자연적으로 생기는 것이라고 생각했던 것이다.

과학 역사에 길이 남을 대발견에 대해 우리들은 발견자의 비범함과 노력이 깃든 이야기를 기대한다. 그러나 과학 연구의 대부분은 수많은 연구자들의 시행착오와 착실한 업적들이 반복되면서 한 걸음 한 걸음 진리에 다가가는 것이다.

나누어 생각하면 쉽게 풀 수 있다

현대생활에 없어서는 안 될 에어컨. 미국에서는 1870년대부터 냉동기로 차가운 공기를 만드는 연구가 시작되었는데 그것은 '공기조화'(방의 용도에 따라 공기의 습도, 온도, 청정도 등을 유지하는 것)의 수준까지는 미치지 못했다. 왜냐 하면 공기의 습도를 일정하게 제어하지 못했기 때문이다. 습도의 제어방법을 발명하고 공기조화라는 생각을 최초로 한 사람은 미국의 W. H. 캐리어였다.

캐리어는 힘들게 공부하여 코넬 대학을 졸업한 후 송풍장치와 난방장치를 만드는 회사에 취직하여 공기의 습도를 조절하는 문제를 담당했다. 그는 인쇄회사에서 습도가 일정치 않기 때문에 종이가 늘었다 줄었다 해서 정확한 인쇄가 불가능하다는 말을 들었다. 그는 공기의 노점(공기 속의 수증기가 물방울로 바뀌는 온도)을 정확하게 측정하여 냉동기의 회전을 관리하는 방법을 수식으로 정리해 공기의 질을 그 환경의 목적에 맞게 제어하는 '공기조화'를 실현했다. 물론 인쇄공장의 공기조화 실험은 크게 성공했고 그 후 미국의 모든 공장과 극장, 영화관, 고층 빌딩을 비롯해 각 가정까지 에어컨이 보급되기에 이르렀다.

기계를 좋아하고 연구를 좋아한 캐리어였는데 그는 자신의 그러한 소질은 주로 어머니에게서 물려받았다고 말했다. 캐리어의 어머니는 자명종의 수선 등을 쉽게 해낼 정도의 재능과 함께 기계에 대해서 알기 쉽게 이야기해 주는 재능도 있었다. 어린 캐리어에게 했던 공장 이야기가 인상적이며 알기 쉬웠기 때문에 그가 후에 제지공장을 방문했을 때도 그 옛날 어머니에게서 들은 그대로여서 처음 간 곳 같은 느낌이 들지 않았다고 한다.

그런 어머니의 가르침 속에서 평생 가장 중요한 지침이 된 것은 '아무리 어려운 문제도 간단한 문제로 분석해서 풀면 반드시 풀 수 있다.'는 것이었다. 그가 초등학교 시절 분수 계산을 하지 못해 어려워하고 있을 때 어머니는 지하실로 데려가 사과를 한 접시 가져오게 했다. 그리고 그것을 둘로 나누고, 넷으로 나누고, 여덟으로 나누어, 더하고 빼게 했다. 어린 캐리어는 그렇게 해서 분수가 무엇인가를 이해했고, 그 후에는 아무리 어려운 문제라도 그것을 단순한 형태로 바꿈으로써 해결할 수 있었다고 한다. 그리고 그것은 분수 계산만이 아니라 모든 곤란에 부딪혔을 때의 해결지침이 되었다. 시간으로 친다면 겨우 30분 정도인 어머니의 가르침이 어린 캐리어에게 새로운 세계를 열어주었던 것이다.

데카르트

인형에 얽힌 괴소문의 진짜 이유

데카르트는 동물기계론을 주장했어요. 동물도 마치 태엽을 감아 움직이는 시계처럼 하나의 큰 기계라는 거죠. 모든 생물엔 영혼이 있어 그것이 생물을 살아 움직이게 한다고 믿었던 당시 사람들은 데카르트의 동물기계론에 대해 감정적인 저항감을 느꼈다고 해요. 아주 불길하게 받아들인 거죠. 때문에 데카르트에게 겐 아주 이상한 소문들이 늘 따라다녔어요. 그러니까 그게 무슨 소문이었냐 하면요……

데카르트와 자동인형

'나는 생각한다. 고로 존재한다.' 라는 유명한 말을 남긴 17세기의 철학자 **데카르트**를 모르는 사람은 아마 없을 것이다. 근대 철학의 아버지라고 불리며 존경받던 데카르트, 그러나 그에겐 언제나 이상한 소문 하나가 따라다녔다. 그가 정교하게 만든 소녀 인형을 여행할 때도 트렁크에 넣어서 다닐 만큼 애지중지 아낀다는 것이다. 그 인형은 사람과 너무나 똑같았기 때문에 항해 여행 중 선장이 기분이 나쁘다는 이유로 바다에 버렸다고 하는 이야기까지 떠돌았다. 과연 이 이야기는 사실일까?

르네 데카르트
(1596~1650)
프랑스 철학자이자 수학자예요. 모든 불명확한 것을 배척하고 "학문이란 의심하는 데서부터 시작된다."라는 말을 남겼어요. 해석기하학을 시작한 수학자로도 유명하고 "나는 생각한다. 고로 나는 존재한다."는 말로 더 유명해요.

여러 가지 조사해 본 결과 흥미로운 사실을 발견했다. 데카르트는 평생 결혼은 하지 않았지만 네덜란드에 있었을 때 하녀와의 사이에서 프란시느라는 딸을 얻었다. 그는 앞으로 프랑스에서 충분한 교육을 받게 하고 싶다고 할 정도로 딸을 사랑했다. 그런데 그 딸이 5살 때 갑자기 성홍열을 앓다가 죽고 말았다. 데카르트는 많이 슬퍼했다고 한다. 즉 소문의 인형은 죽은 딸을 그리워하며 만든 것일지도 모른다. 또 프란시느 인형엔 기계장치가 되어 있었다는 설도 있는데 데카르트는 이 소녀 인형을 보며 어떤 생각들을 했을까.

동물기계론이 만들어낸 터무니없는 소문

데카르트 전기에도 위의 이야기에 대한 기록이 있다. 이 인형에 관한 이야기들은 모두 단순한 소문이라는 것이다. 만약 그렇다면 왜 이런 이상한 소문이 떠돈 것일까?

데카르트가 살던 시대는 과학 혁명기였다. 갈릴레이 등이 천체의 움직임을 기계적인 구조로 설명했다. **하비**라는 영국 의사는 동물의 혈액순환은 심장이 펌프 역할을 하고 있기 때문이라는 것을 실험으로 밝혀냈다. 데카르트는 그것을 더욱 발전시켜서 동물의 생명활동 전체를 기계로 설명할 수 있다는 '동물기계론'을 발표했다. 대부분의 사람들은 지금까지 '동물에게는 신비한 영혼이 있어 그것이 동물을 살아서 움직이게 한다.'고 생각했다. 영혼 등 신비한 것으로 생명현상을 설명하는 것은 대단히 편리한 사고방식으로 오

월리엄 하비
(1578~1657)
영국 의사예요. 인체의 구조와 특징, 특히 혈액의 순환과 심장의 역할을 해명한 심장원동력설을 주장했어요. 심장의 박동을 원동력으로 혈액이 순환한다고 하는 그의 주장은 당시에는 반대의견이 많았지만 그 후 일반적으로 인정받았어요.

늘날에도 일부 통용되고 있다.

데카르트가 발표한 **동물기계론**은 이 같은 사실을 전면 부인하고 나섰다. 그러나 의외라고 생각될 정도로 그의 이론은 별 저항 없이 사회에 받아들여졌다. 그것은 시계나 펌프 등 자동기계가 보급되기 시작하면서 사람들의 생각이 바뀌었기 때문이다.

동물기계론
생물체를 기계에 비유해 생명 현상을 물리 · 화학적 작용으로 보는 생명론이에요. 17세기에 데카르트가 동물기계론을 주장한 것에 이어 18세기에 들어선 라 메트리라는 의사에 의해 인간 기계론이 등장했어요.

그 이전에 자동적으로 움직이는 것은 동물뿐이었다. 때문에 동물의 몸을 움직이는 신비한 힘, 영혼이 있다고 사람들은 생각했다. 그러나 자동기계의 등장은 몸을 움직이는데 그런 신비한 힘 따위가 필요치 않다는 것을 증명해 보였다. 그래서 당시의 사람들은 데카르트의 '동물기계론' 을 한편으로는 놀라워하면서도 별다른 이성적 거부감 없이 받이

들였다.

그러나 동물을 포함한 우리의 육체가 기계장치로 되어 있다는 생각은 이성적으로는 이해가 되어도 감정적으로는 저항을 느끼는 부분이 있었다. 이러한 모순은 사람들 마음에서 '동물기계론' 은 불길한 것으로 느끼게 했으리라. 그리고 그 말을 꺼낸 데카르트라는 인물도 기분 나쁜 느낌으로 받아들였을 것이다. 이런 감정적 저항이 '딸 프란시느의 자동인형' 이라는 이상한 소문으로 나타난 것이다.

마음은 기계로 만들 수 없다

그러나 만약 데카르트가 죽은 딸의 인형을 가지고 있었다고 해도 그런 것으로 마음을 치유할 수 있었을까? 정교한 인형을 보면 우리들은 순간적으로 숨을 죽인다. 그러나 그 다음에는 역시 살아 있는 사람과는 다르다는 느낌을 받는다. 그것은 소위 '생기가 없다.' 라든가 '혼이 없다.' 라고 하는 위화감이다. 데카르트가 만약 딸의 인형을 만들었다고 해도 혹은 어떤 인형에서 딸의 모습을 찾았다고 해도 그런 위화감을 느꼈을 것이다.

데카르트는 인간의 마음만은 기계로 만들 수 없다고 생각했다. 육체는 기계의 원리로 움직이지만 마음은 신비한 것이다. 이 마음과 육체를 다른 원리로 생각하려고 했던 '심신이원론' 은 데카르트가 극복하지 못한 한계이다.

그런 의미에서 17세기의 과학 혁명은 생물학 분야에서만큼은 어중간한 것이었다. 복잡한 생명 현상을 기계론적으로 해석하기는 어려웠다. 그래도 데카르트의 생각은 생물학에 영향을 주어 조금씩 기계론적인 연구가 늘어갔다. 그 결과 기계론적인 논리가 생명 현상을 해명하는데 유효하다는 생각이 확산되기 시작했다.

라 메트리
(1709~1751)
프랑스 의사예요. 데카르트의 동물 기계론을 인간에게 적용해 인간 기계론을 주장했어요. 그의 생각은 종교계로부터 심한 공격을 받았어요.

그리고 약 100년 후인 18세기 프랑스의 **라 메트리**라는 의사는 인간의 마음까지도 기계론적으로 설명할 수 있다는 《인간기계론》이라는 책을 출판했다. 이후 생물학에서의 기계론적인 연구가 더욱 진행되면서 19세기에서 20세기에 크게 꽃을 피우게 된다.

베게너

지 구 의 대 륙 이 움 직 인 다

인류에게 도움이 되는 새로운 학설을 발표해도 늘 사람들에게 인정받는 것은 아닌 모양입니다. 아주 먼 옛날, 지구상의 모든 대륙은 하나였다라는 대륙표이설을 주장한 베게너는 발표 당시에는 아무 인기도 못 끌다가 그가 죽은 연후에야 그 학설의 가치를 인정받았다고 합니다. 더구나 그는 그린란드 탐험을 통해 끝없는 실험과 관측을 계속한 기상학자로서의 일생을 살기도 했지요. 그리고 그가 그토록 좋아했던 그린란드에서 죽음을 맞이했답니다. 하나의 진실을 밝혀낸다는 건 쉽지 않은 일이죠. 하지만 정말 가치 있는 일 아닌가요?

세계지도를 보다가 바다를 사이에 둔 대륙의 해안선이 아주 비슷하다는 것을 보고 이런 생각을 해본 적이 없는가?

'어쩌면 두 대륙은 서로 연결되어 있었는지도 몰라.'

정확한 세계지도가 만들어지게 된 뒤부터 이런 사실을 느낀 사람은 적지 않았다. 그러나 이것을 제대로 설명해 낸 사람은 별로 없었다. 예를 들어 영국의 철학자 프란시스 베이컨은 1620년에 이에 대해 이야기했다. 그러나 설명은커녕 가설도 세우지 못했다.

그리고 그 뒤를 이은 사람들은 전설의 아틀란티스 대륙이 가라앉아 바다가 되었다든가 노아의 대홍수로 대지가 바다가 되었다든가 하는 설로 설명하려 했다.

알프레드 베게너
(1880~1930)
독일 기상학자예요. 천문학 박사학위를 받았고 극지방의 대기순환을 연구하기 위해 수시로 그린란드를 탐험했어요. 그는 1930년 그린란드에서 조난을 당했는데 그의 죽음을 전하는 신문에는 기상학과 그린란드 탐험에 대한 것만 실려 있었어요. 오늘날 그의 이름은 대륙표이설로 더 유명하지만 당시는 이것을 오점으로 생각했었던 것 같아요. 그의 이론은 수십 년간 잊혀져 있다가 1960년대에 이르러 빛을 보게 되었어요.

이런 혼란스런 상황 속에서 과학의 눈으로 이 문제에 뛰어든 과학자가 있었다. 그가 바로 이단아 **베게너**였다.

대륙표이설 발표

베게너가 대륙의 이동에 대한 생각을 처음 발표한 것은 1912년 1월 독일 프랑크푸르트에서 열린 독일 지질학회에서였다. 그는 거기에서 남북 아메리카 대륙과 유럽, 아프리카 대륙의 해안선이 많이 비슷하다는 점에서 현재의 대륙은 하나의 초대륙이었던 것이 오랜 시간 분열과정을 거쳐 오늘날 같은 모양을 이루게 된 것이라 주장했다. 그는 그저 단순히 형태가 비슷하다는 것뿐 아니라 지질학, 고생물학, 동물지리학, 식물지리학 등 광범위한 분야에 걸친 증거를 들어 이론의 정당함을 주장했다.

그러나 학회에 참가했던 지질학자들은 베게너가 기상학자라는 점을 들어 전문가도 아닌 사람이 어리석은 말을 한다고 격렬하게 비난했다. 과학적으로 생각해 보지도 않은 채 감정적인 공격만을 퍼부었다.

'이 독일인 과학자는 대륙을 연결하기 위해 대륙을 늘리기도 하고 비틀어 구부리기도 한다.'

'다른 학설이 사실을 설명하기 위해 노력하는 것을 무시하고 자기 멋대로 지구를 가지고 놀고 있다.'

당시 지질학계는 이처럼 폐쇄적이고 낡은 체질을 가지고 있었다.

대지는 움직인다

그러면 베게너는 어떤 증거를 들어 대륙의 이동을 설명했을까? 자세히 살펴보자. 베게너는 남북 아메리카, 유럽, 아프리카 등 4개 대륙이 하나였다고 했을 뿐 아니라 남극, 호주, 인도도 여기에 합체하여 하나의 초대륙을 형성하고 있었다고 생각했다. 이 큰 대륙을 모든 육지라는 의미에서 '판게아' 라고 명명했다.

이 판게아는 잘록한 형태로 북쪽 대륙을 로라시아, 남쪽 대륙을 곤

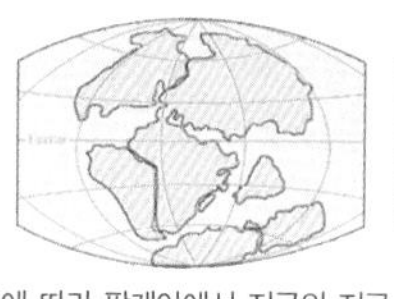

베게너가 주장한 대륙표이설에 따라 판게아에서 지금의 지구 모습으로 변해가는 과정

드와나, 잘록한 부분으로 들어와 있던 바다를 테티스해(海)라고 했다. 그리고 주위를 고(古)태평양이 둘러싸고 있다는 것이다.

테티스해는 그 후 판게아의 안쪽 깊숙이 들어왔고 드디어 대륙을 둘로 나누어 버렸다. 이렇게 해서 지금으로부터 약 1억 8000만 년 전인 쥬라기에 로라시아와 곤드와나는 완전히 분리된 두 개의 대륙이 되어버렸다.

그리고 북쪽의 로라시아는 유라시아, 북아메리카로, 남쪽의 곤드와나는 아프리카, 남아메리카, 호주, 남극, 인도로 나뉘어졌다. 지금으로부터 약 5000만 년 전인 제3기 때의 일이다. 이렇게 나뉜 대륙은 이동 충돌하여 현재와 같은 형태가 되었다고 생각했다.

메소자우르스 화석

가든스네일

베게너가 이렇게 생각한 이유는 굉장히 많다. 우선 고생물의 분포양상을 들 수 있다. 파충류의 일종인 **메소자우르스라는 화석**은 아프리카와 남아메리카의 대서양 연안에서만 발견되었다. **가든스네일**이라고 하는 달팽이의 일종은 유럽과 북아메리카의 같은 대서양 연안, 또 레무리아라는 원숭이는 인도 세일론 섬에서 마다가스카르 섬, 아프리카 대륙에 걸쳐 분포하고 있다.

또 지질구조를 예로 들었다. 아프리카 남단에 동서로 뻗은 희망봉 산맥과 남아메리카 아르헨티나의 부에노스아

이레스 남쪽을 동서로 가르는 산맥이 같은 지질구조이며, 그 뻗어 있는 방향도 거의 일치했다. 또한 이 두 대륙에 분포해 있는 다이아몬드와 편마암도 일치했다.

게다가 인도, 마다가스카르 섬, 아프리카 대륙의 편마암도 역시 공통점이 많았던 것이다.

그밖에도 석탄기(石炭紀)에 지표를 덮었던 대빙하의 흔적도 남아메리카, 아프리카, 호주 남부, 인도, 마다가스카르 섬에 분포해 있으며 그것을 판게아 대륙에 적어 넣어보면 하나의 빙관(氷冠)이 되었다. 이러한 점에서 이 빙관의 중심이 당시의 남극이었다고 생각했다.

그리고 마찬가지로 고기후를 조사해 보면 이 판게아 대륙의 빙관을 둘러싸는 듯한 형태로 석탄층이 분포해 있다는 것을 알 수 있다. 이것은 석탄을 만드는 식물이 잘 번성하는 일정한 기후였다는 것을 나타낸다고 생각했다. 또한 그 바깥쪽에는 건조한 기후를 나타내는 사막성 기후가 분포해 있다.

이렇게 알기 쉬운 데이터를 들어 베게너는 대륙표이설을 전개했다. 우리들이 보아도 이런 데이터를 제시하면 충분히 납득할 수 있을 것이다.

베게너는 대륙표이설을 정리한 《대륙과 해양의 기원》이라는 저서에서 이것을 찢어진 신문지에 비유해 다음과 같이 말했다.

"찢어진 부분을 맞출 때 신문에 쓰여 있는 기사가 이어진다면 같은 한 장의 신문지라는 것을 실증할 수 있는 것 아닐까."

기사는 완벽하게 이어졌던 것이다.

그 이전의 견해는?

베게너가 제시한 데이터는 그가 실제로 조사한 것이 아니다. 원래 논문 등의 형태로 발표되어 있는 것을 모았을 뿐이다. 그렇다면 지질학자들도 이 사실을 알고 있었다는 것이 된다. 하지만 대륙표이설은 생각하지 않았다. 왜일까? 그때까지는 이 사실을 어떻게 설명해 왔던 것일까?

'현재는 없어졌지만 아주 오래 전에는 대륙과 대륙 사이에 가는 육지가 있어 그곳을 따라 동물과 식물이 이동했다.'

이것이 당시의 생각이었다. 마치 바다에 육교가 걸려 있는 것과도 같다고 해서 '육교설' 이라고 불렸다.

가만 생각해 보면 너무 억시스런 생각이라고 여겨지지 않는가? 대륙이 움직인다는 것도 무리가 있을지 모르지만 그보다 더 무리한 생각이라고 여겨진다. 게다가 이 견해는 결정적으로 이상한 부분이 있었다. 만약 육교가 있었다면, 그리고 그 육교가 지금은 바다 속에 가라앉았다면, 그 바다 속에는 대륙과 같은 성분을 가진 암석이 분포해 있어야 했다. 그러나 그런 부분은 전혀 찾아볼 수 없다. 베게너를 부정할 재료가 없었던 것이다.

그러나 베게너에게도 결정적인 약점이 있었다. 그것은 대륙의 움직임을 설명하지 못했다는 것이다. 그는 거대한 대륙이 움직이는 원동력을 설명하지 못했다.

이것이 치명상이 되어 대륙표이설은 점차 시들어 갔다. 그리고 베게너의 죽음과 함께 잊혀지는 운명이 되었다.

베게너의 죽음

베게너는 1880년 11월 1일 베를린에서 태어났다. 원래는 천문학에 흥미가 있어 베를린 대학에서 천문학을 전공했다. 그러나 그는 이후에 기상학으로 눈을 돌렸다. 베게너에게는 같은 기상학을 공부한 형이 있었는데 대학을 졸업한 후 항공연구소에서 근무했다. 베게너도 대학을 나온 후 형의 뒤를 따라 항공연구소에서 형의 조수가 되었다. 이 항공연구소에서는 기구(氣球)를 사용한 고층기상을 연구했는데 형제는 여기에 몰두했다.

이런 생활을 보내고 있을 때 베게너의 귀에 새로운 뉴스가 날아들었다. 덴마크의 탐험가가 그린란드를 탐사한다는 것이었다. 천성적으로 모험을 좋아했던 베게너는 이 이야기에 발 빠르게 덤벼들어 그린란드 탐사대에 동행했다. 탐험은 11년이라는 장기간에 걸친 것이었지만 그 동안 베게너는 쭉 연이나 기구를 날려 상층 대기를 관측했다.

귀환 후 그 공적이 인정되어 베게너는 마르부르크 대학의 강사가 되었고 주위로부터 그 재능을 인정받았다. 그가 대륙표이설의 아이디어를 갖기 시작한 것도 바로 이 무렵이다.

그 후의 그의 인생은 실로 파란만장했다. 재차 동행한 그린란드 탐험, 제1차 세계대전에의 종군과 부상, 그리고 대륙표이설의 발표와 논쟁….
베게너의 이름을 유명하게 한 것은 대륙표이설이지만 그것이 없어도 충분히 위대한 공적이 있는 사람이었다.

1930년 그는 세 번째 그리고 최후의 그린란드 탐험에 21명을 이끄는 대장으로서 참가했다. 이 탐험에서는 빙하의 두께가 무려 1,800미터에 달한다는 중요한 결과를 얻었다. 그러나 베게너는 이 결과를 직접 발표할 수 없었다. 1930년 11월 1일, 이날 기지를 나온 베게너는 두 번 다시 돌아오지 못했다. 50세 생일이었다.

기지에서 겨울을 난 대원들이 이듬해 5월 귀환하는 도중에 그의 스키와 그 아래 잠들어 있는 베게너를 발견했다. 사인은 심장발작이 아니었을까 추측된다.

되살아나는 대륙표이설

그의 죽음과 함께 잊혀져버린 대륙표이설은 그가 떠난 지 20년도 더 지난 1957년에 부활했다. 암석에 남은 자석의 N극, S극을 조사하는 고지자기학으로 베게너의 주장이 사실이었음을 증명하는 증거들을 발견했다.

이제 남은 문제는 엄청난 크기의 대륙이 과연 어떤 힘으로 움직여졌을까 하는 점이었다. 힘의 비밀은 맨틀에 의해 풀어졌다. 지구 내부에 있는 맨틀(맨틀은 지구의 핵과 지각 사이에 있어요.)이라는 부분이 대류(對流)를 하면서 이 맨틀을 따라 대륙이 뗏목처럼 떠다녔고 이런 과정에서 여러 가지 지형을 만들어냈다는 것이다. 맨틀대류가 끓어오른 곳이 해저 산맥, 그리고 가라앉은 곳이 해구(海溝)라고 보았다.

또한 대륙이 움직이는 것이 아니라 대륙이 얹혀 있는 단단한 판 모양의 것, 즉 플레이트라는 것이 움직이는 것이라는 주장이 생겨났다. 이 생각에 따라 화산이나 지진 등의 현상도 통일적으로 다루게 되었다. 지구과학에 혁명을 일으킨 이 이론은 '판구조론(플레이트 테크토닉스)' 이라고 불렸으며 오늘날 지구과학의 주류를 이루는 견해로 자리잡고 있다.

베게너는 그야말로 이 혁명에 불을 지핀 사람이라고 할 수 있지 않을까.

프랭클린

DNA 이중나선구조 발견의 비극적 히로인

유전자의 본체인 DNA 구조를 정확히 밝혀낸 크릭과 왓슨은 이 공로로 노벨 생리 · 의학상을 수상했어요. 이 연구에 함께 참여했던 윌킨스 역시 공동수상자로서의 영예를 안았죠. 그러나 DNA구조의 비밀을 풀기 위해 이들보다 더욱 치열하게 연구하고 실험했던 로잘린드 프랭클린은 그들의 영광을 축하하는데 머물러야 했어요. 과학의 위대한 발견 뒤에는 이렇게 알려지지 않은 숨은 공로자가 있기 마련이랍니다. 로잘린드는 그야말로 DNA의 구조를 밝혀내는데 가장 큰 공로를 세웠으면서도 이를 인정받지도 못한 채 실험 후유증으로 목숨까지 잃은 비극적 히로인이었죠.

누가 진짜 공로자인가?

제임스 듀이 왓슨
(1928~)
미국 생물물리학자예요. 영국 캠브리지대학의 캐번디시 연구소에서 X선 회절기법을 공부하고 크릭과 함께 DNA구조를 밝히는 연구를 했어요. 'DNA의 분자구조'를 발견하여 1962년 윌킨스, 크릭과 함께 노벨 생리·의학상을 수상했어요.

프란시스 크릭
(1916~)
영국 물리학자예요. DNA연구에 몰두한 그는 왓슨과 함께 DNA의 분자구조를 발견했고 1962년 노벨상도 함께 수상했어요. 그 외에도 그는 세포가 단백질을 합성하기 위해 DNA정보를 사용하는 방식을 밝혀내는데 크게 기여했어요.

1953년 23살의 **왓슨**과 34살의 **크릭**은 'DNA 이중나선 구조'를 발표했다. 그때까지 DNA라는 물질이 생물의 유전자 본체라는 증거는 많이 나와 있었지만 그들의 발견은 이러한 사실을 결정적으로 증명해 보인 연구 결과였다. 그들이 발표한 DNA 구조는 지금까지 얻었던 데이터를 전부 설명하는 것이었다. 그들은 이러한 연구 업적을 평가받아 노벨상을 수상하였다.

곱슬머리인 아빠의 유전인자가 아들에게 전해져 곱슬머리 아들이 태어나는 것처럼 부모의 특징이 아이들에게 그대로 전해지는 것을 유전이라고 하지요? 부모로부터 그 자식에게 전달되는 성질을 어려운 말로 유전형질이라고 한답니다. 이 유전형질의 기본단위가 유전자인데 이 유전자의 본체가 바로 가늘고 긴 실 모양의 DNA죠.

그러나 과연 이 두 사람이 DNA연구를 했다고 할 수 있을까? 사실 그들은 실험을 거의 하지 않았다. 다만 남의 실험 데이터를 받아서 그것을 이용하여 DNA 구조를 해명한 것이다. 그렇다면 그것은 누구의 실험이었을까?

완벽한 성품이 부른 비극, 프랭클린

당시 'DNA 구조 해명' 에는 영국의 **윌킨스**라는 사람이 유명했다. 그래서 이를 연구하던 왓슨과 **프랭클린**도 영국으로 건너갔다.

X선 회절에 의한 DNA 구조 연구에 대해서는(X선 회절을 통해 물질의 미세한 구조를 알 수 있다. 프랭클린은 X선 회절을 통해 DNA의 구조를 밝혀내는 작업을 했다.) 프랭클린이 기술적으로 뛰어났다. 그녀는 자기의 기술에 대한 자부심이 강해 정확하게 구조를 해명하려고 했다. 그래서 왓슨과 크릭이 너무나 안이하게(무엇보다 스스로 실험을 할 마음이 없었으므로) DNA의 구조를 해명하겠다는 것에 불쾌감을 나타냈다. 그녀는 착실하게 실험 데이터를 모으고 충분한 데이터를 통해 결론을 이끌어내려 했다. 불확실한 결론은 내고 싶지 않았다. 그런 점 때문에 (그 이외의 여러 가지 이유에서) 공동연구자인 윌킨스와도 대단히 사이가 나빴다.

결과적으로 보면 그녀는 너무나 완벽한 연구를 추구했는지도 모른다. DNA구조를 해명할 힌트는 이미 나와 있었다. 설마 왓슨이 그녀의 데이터를 이용하여 먼저 해명하

모리스 윌킨스
(1916~)
영국 생리학자예요. 세계 최초로 DNA의 선명한 결정패턴을 보여주는 X선 사진촬영에 성공한 사람이랍니다. 그가 촬영한 DNA의 X선 사진을 보고 왓슨과 로잘린드도 영국으로 건너갔어요. 그는 크릭의 친구로 왓슨과는 사이가 좋았지만 로잘린드 프랭클린과는 잘 지내지 못했다고 해요.

로잘린드 프랭클린
(1920~1958)
영국 과학자예요. DNA의 구조를 밝힌 실질적인 공헌자예요. X선 회절법을 이용해 DNA의 밀도와 나선구조 등 중요한 발견을 많이 했어요.

리라고는 꿈에도 생각지 못했다.

샤가프 규칙의 수수께끼

만약 DNA가 유전자라면 생물의 유전정보가 기록되어 있을 것이다. 그러나 DNA의 재료가 되는 물질의 종류는 단순하다. 디옥시리보스라는 당(糖), 인산, 그리고 아데닌(A), 구아닌(G), 시토신(C), 티민(T)이라는 4종류의 염기이다. 이것이 어떻게 결합하여 복잡한 생물의 형태와 성질을 결정하는 것일까?

왓슨과 크릭은 윌킨스 등을 통해서 프랭클린의 데이터를 받아 많은 정보를 얻었다. 특히 DNA가 사다리가 꼬인 모양의 이중 나선구조를 하고 있다는 것, 당과 인산이 그 나선의 바깥쪽 – 사다리로 비유한다면 양쪽 손잡이 부분 – 이라는 것 등 귀중한 정보를 얻었다.

남은 문제는 염기의 위치였다. 그들은 이것에 대해서도 다른 연구자의 실험 데이터에서 힌트를 얻었다. **샤가프**라는 학자가 염기의 양에 일정한 법칙성이 있다는 것을 발견했다.

그는 여러 생물의 DNA를 조사했다. 그러자 생물의 종류에 따라서 DNA 속에 4종류의 염기 비율은 각기 다르지만 어느 생물에나 아데닌(A)과 티민(T)의 양이, 또 구아닌(G)과 시토신(C)의 양이 같았다. 샤가프는 이것이 뭔가 중요한 것이라고 생각했지만 그 의미는 알지 못했다.

이윽고 왓슨과 크릭은 시행착오를 거듭하면서 샤가프가 발견한 규칙의 의미를 해명했다.

DNA의 구조는 사다리 같은 모양이다. 바깥쪽이 당과 인산, 안쪽의 발판에 해당하는 부분이 염기이다. 그리고 염기 가운데 구아닌(G)과 시토신(C)이 또 아데닌(A)과 티민(T)이 사다리 중앙에서 약하게 결합되어 있다는 사실을 발견했다.

에르빈 샤가프
(1905~2002)
오스트리아 출신의 미국 생화학자예요. 여러 종류의 생물에서 DNA를 추출해 DNA를 구성하는 4가지 염기의 양을 비교한 결과 생물의 종류에 따라 염기의 비율이 다르지만 A와 T의 양이 같고 G와 C의 양이 같다는 사실을 밝혀냈어요. 이것은 DNA분자에서 A와 T, G와 C가 서로 대응하여 결합하고 있다는 사실을 암시하는 중요한 발견이었어요.

DNA 구조는 복제를 하는데 굉장히 편리하다는 것을 깨닫게 되었다. 안쪽 두 개의 염기 결합은 약하므로 지퍼처럼 떨어진다. 그 떨어진 곳에 해당하는 염기는 결정되어 있으므로 아주 똑같은 DNA가 또 하나 만들어지는 것이다. 그리고 이 염기의 배열이야말로 유전정보 그 자체였다.

폐암으로 사망한 비극의 히로인

너무나 기능적인 구조인 DNA상(像)에 세계는 놀라지 않을 수 없었다. 프랭클린도 그 성과에 칭찬을 아끼지 않았다. 그러나 그녀는 그들이 이용한 실험 데이터가 자신의 것이었다는 사실을 마지막까지 알지 못했다. 이 연구로 왓슨과 크릭, 그리고 윌킨스는 1962년 노벨상을 수상하였다. 그러나 거기에 프랭클린의 이름은 없었다. 그때 이미 그녀는 37세라는 젊은 나이에 폐암으로 사망한 뒤였다. 노벨상은 죽은 사람에게 수여하지 않는다는 규칙이 있기 때문이다.

그녀의 암은 실험 당시 사용한 X선이 원인이었을 가능성도 있다. 그렇다면 그야말로 자기 몸을 희생하여 얻은 실험 데이터였던 것이다. 왓슨과 크릭이 그것을 이용하여 노벨상을 받았다는 것을 생각하면 프랭클린은 그야말로 비극의 히로인이었다고 할 수 있다.

왓슨과 크릭이 발표한
DNA구조 모형

다윈, 월리스, 라마르크

진화론 학자들의 엇갈린 운명

과학자들도 세상을 사는 한 사람의 구성원인 만큼 당시 사회구조에 영향을 받지 않을 수 없었겠죠? 대표적인 예로 진화론을 발표한 영국의 다윈은 당시 영국사회가 진화론을 받아들일 여건이 형성되어 있었으므로 위대한 과학자로 존경받았지만 다윈보다 먼저 생물의 진화론을 폈던 프랑스의 박물학자 라마르크는 이를 받아들이지 못한 사회의 분위기 때문에 시련 많은 인생을 살아야 했답니다. 과학자로 성공하는 것이 개인의 노력만으로는 안 되는 것 같습니다

다윈의 진화론 발표가 생물학의 대혁명이었다는 것은 모두다 인정하는 일이다. 그리고 일반사회에도 큰 충격을 주었다. 그러나 이 진화론이 과연 다윈의 독창적인 작품이었을까? 그렇지 않다.

찰스 다윈
(1809~1882)
영국 생물학자예요. 5년간의 세계 탐험에 박물학자로 참가, 해외의 동식물과 지질학적 조사를 했어요. 1835년 갈라파고스 제도에서 육지와 떨어져 독립적으로 진화한 생물체를 연구했어요. 이때 착상한 진화론을 20년간 연구하여 1859년 《종의 기원》이라는 책을 발표했어요.

다윈 때문에 잊혀진 남자

다윈은 진화론 발표에 대해 상당히 신중했다. 그는 어느 누구에게도 지적을 받지 않기 위해서 진화에 대한 증거를 될 수 있는 한 많이 모으려고 연구를 거듭했다. 그러던 어느 날, 이미 박물학자로 유명했던 다윈에게 월리스라는 젊은 학자가 한 통의 편지를 보내왔다. **월리스**는 이 편지에서 동봉한 논문을 읽어주기 바라며 만약 가치가 있다고 생각한다면 그것을 발표하고 싶다는 내용을 적었다.

알프레드 러셀 월리스
(1823~1913)
영국 박물학자예요. 세계를 탐험하여 많은 표본을 채집, 동물지리학의 선구적 연구를 했어요. 찰스 다윈과는 독립적으로 자연선택을 통한 종의 기원론을 발전시킨 것으로 유명하고 '적자생존'이란 용어도 만들어냈어요. 오랜 연구를 바탕으로 1870년 《자연선택설》이란 책을 출판했어요.

동봉된 논문을 읽고 다윈은 놀라지 않을 수 없었다. 그 논문엔 다윈이 20년이나 연구해 온 진화론과 거의 같은 내용이 수록되어 있었다. 아무리 오래 전부터 연구를 계속해 왔다지만 논문이라는 형태로 정리한 월리스 쪽에 발표의 우선권이 있었다. 고민하던 다윈은 결국 서둘러 논문을 완성했고 월리스의 논문과 함께 발표했다. 보기에 따라서는

다윈이 월리스의 우선권을 침해한 것처럼 생각할 수도 있는 일이다. 이듬해인 1859년, 다윈은 그때까지의 연구를 집대성한 《종의 기원》이라는 책을 출판했다. 이것은 당시 베스트셀러가 되었고 결과적으로 다윈은 역사에 이름을 남겼다. 그러나 월리스의 이름은 이제 거의 알려져 있지 않다.

그렇다면 다윈과 월리스가 같은 시기에 비슷한 이론을 생각했다는 것이 단순한 우연일까? 그 시대의 영국인 두 사람이 같은 진화론을 생각한 것은 그 나름의 이유가 있었다.

진화론의 선구자, 라마르크가 있었다

생물의 진화에 대해 처음으로 발표한 것은 다윈도 월리스도 아니다.

다윈이 태어난 1809년, 프랑스의 **라마르크**라는 학자는 《동물철학》이라는 책을 세상에 내놓았다. 여기에서 라마르크는 생물학 전문가로는 처음으로 생물이 진화한다는 것을 확실하게 썼다. (라마르크는 계속 사용하는 구조와 기관은 발달하고 그렇지 않은 기관은 퇴화한다는 '용불용설'을 주장했어요.) 또한 라마르크의 상사인 **뷔퐁**도 생물의 진화에 대해서 짐작을 하고 있었던 것 같다. 그러나 프랑스 왕립 식물원의 관장으로 명망 있는 귀족이었던 뷔퐁은 이러한 사실을 알고 있으면서도 발표하지 않았다. 거기에는 당시 프랑스의 사회정세와 깊은 관련이 있다.

프랑스 혁명을 이끈 사상가들 가운데는 '계몽주의자'로 일컬어지는 사람들이 있었다. 그들은 지배계급인 교회나 귀족의 말을 그대로 따랐던 우매한 민중의 눈을 뜨게 하기 위해 올바른 사회 인식과 사물에 대한 지식을 가르쳤다. 이러한 행동은 결과적으로 군중으로 하여금 계급제도의 모순을 깨닫게 하였고 혁명사상을 심어주게 되었다.

당시 일반 서민들은 지배계급에 의해 지배되는 삶을 순순히 받아들이며 살고 있었죠. 그러나 계몽주의자들은 계급제도는 사라져야 하는 것이며 모든 사람은 평등하게 살 권리가 있다는 주장을 폈어요. 이 같은 주장은 먹고 살기조차 어려웠던 서민들의 가슴에 혁명에 대한 열망을 불질렀고 프랑스 대혁명의 씨앗이 되었어요.

라마르크
(1744~1829)
프랑스 생물학자예요. 9년간에 걸친 현지 조사와 채집을 통해 《프랑스 식물상》이라는 책을 출간하여 주목받기 시작했어요. 오랜 연구 끝에 '용불용설'이라는 진화의 요인설을 주장했지만 세상에 받아들여지지 않았죠. 사회정세도 문제였지만 그의 책이 읽기에 너무 어려운 문장으로 쓰여졌기 때문이기도 했어요. 라마르크는 결국 직장도 잃고 가난과 실명으로 실의에 빠진 삶을 살아야 했어요.

뷔퐁
(1707~1788)
프랑스 박물학자예요. 《박물지》라는 백과사전적인 저서로 유명해요.

대부분의 계몽주의자들은 자연현상도 그때까지의 견해를 따르지 않고 합리적으로 해석했다. 그들은 지금까지의 고정관념에서 벗어나 생물은 진화한다고 믿었다. 그리고 생물과 마찬가지로 사회체제도 진화한다고 생각하였다.

이렇게 혁명사상과 일체가 되어 진화사상이 태어났기 때문에 상류계급인 뷔퐁으로서는 공공연하게 말하기 어려웠을 것이다. 그러나 하급귀족으로 생활에 어려움을 겪어왔던 라마르크는 오히려 계급제도에 싫증을 느끼고 있었다. 그래서 스스럼없이 진화에 대해 발표했다.

그러나 프랑스 혁명은 결국 엄청난 유혈혁명으로 마무리되었고 프랑스 사람들은 혁명과 계몽주의에 염증을 느꼈다. 바로 그 무렵, 라마르크는 책을 출판했다. 혁명에 염증을 느낀 사람들은 혁명사상과 관련한 라마르크의 진화론을 받아들이지 않았다. 결국 라마르크는 세상 사람들에게 소외되어 불우하게 생을 마감했다.

다윈을 앞서간 사람들

다윈의 고향 영국의 사정은 프랑스와 전혀 달랐다. 사회학자인 **스펜서**는 찰스 다윈보다 열 한 살 정도 젊은 사람이지만 종의 기원보다 일찍 생물의 진화에 대해 발표했다. 그러나 스펜서의 흥미는 인간 사회에 있었다. 스펜서는 인간은 환경에 적응하는 능력이 다른 동물에 비해 우수하기 때문에 크게 진화할 수 있었다고 믿었다. 스펜서의 이런 생각은 당시 영국의 산업혁명 하의 자유경쟁을 긍정하는 자본주의 사회의 사상적 기반이 되었다.

또한 다윈의 가장 가까운 곳에서도 진화에 대한 생각이 싹트고 있었다. 다윈의 집안은 대대로 의사 집안이었다. 그 중에서도 다윈의 할아버지인 **에라스무스 다윈**은 의사이면서 동시에 여러 가지 취미를 즐긴 인물이었다. 그는 뷔퐁의 영향을 받아 생물의 진화를 테마로 한 시를 남겼다. 다윈의 진화론은 실은 할아버지에게서 물려받은 것인지도 모른다.

헐버트 스펜서
(1820~1903)
영국 사회철학자예요. 다윈의 생물학적 진화 개념을 사회학에 적용한 사회적 다위니즘으로 유명해요.

에라스무스 다윈
(1731~1802)
영국 의사로 찰스 다윈의 할아버지예요. 의사였지만 생물학에도 상당한 지식이 있어 모든 온혈동물의 기원은 하나로 수백만 세대를 거쳐 진화해 왔다고 주장했어요.

다윈을 낳은 영국 사회

이렇게 다윈의 선구자들은 상당히 많았다. 그리고 다윈의 진화론이 (종교계에서는 다소 공격했지만) 무리 없이 사회에 받아들여진 것은 당시의 영국 사회에 기초가 있었기 때문이다. 영국은 이미 산업혁명을 경험하고 자본주의 사회를 형성한 상태였다. 때문에 당시 사람들은 그야말로 '생존경쟁' 속에 있었다. 격동하는 사회 속에서 사람들은 자연계도 변한다는 것을 자연스럽게 받아들였다. 이것이 라마르크 시절의 프랑스와 크게 다른 부분이다.

즉 진화론은 19세기 영국에서 탄생할 수밖에 없는 필연적인 일이었다. 다윈과 월리스의 공동발표사건이 그것을 증명한다.

자연과학 연구는 일반사회와 격리된 독자의 세계라고 생각하기 쉽다. 그러나 세상의 흐름을 제일 먼저 인지하여 공표하기 위해 과학자들이 경쟁하는 모습은 학문 세계뿐 아니라 많은 인간 활동에서 공통된 일이다.

다윈의 후계자들이 지은 죄

이렇게 진화론은 탄생 당시부터 인간사회와 비교되었다. 다윈은 이것을 싫어하여 자기 학설을 자연과학상의 생물에만 한정했다. 그러나 다윈의 진화론이 사회에 받아들여진 원인은 그 당시의 사회정세에 있었고, 때문에 사회에 커다란 충격을 주었다. 그래서 다윈 학설을 인간사회의 현상과 결부시키려는 움직임이 일었다. 이것을 '사회 다위니즘' 이라고 한다. 다윈의 손을 떠난 진화론은 사회사상으로써 멋대로 독자적인 걸음을 걷기 시작하였다.

이러한 사상이 극단적인 형태로 나타난 것이 독일이다. 독일도 진화론의 영향을 크게 받았다. 이에 크게 공헌한 사람이 헤켈이라는 과학자다. 그는 독일에서 다윈의 옹호자로 크게 활약하며 일반인을 위한 책도 출판했다. 이때 그는 같은 시기에 받아들여졌던 사회주의의 평등주의적 휴머니즘을 부정하고 생존경쟁을 중심으로 한 새로운 윤리를 추구했다. 이러한 헤켈의 책도 많은 사람들에게 영향을 미쳤다. 그는 일반인에게 진화와 유전에 대한 흥미를 갖게 함으로써 생물학 발전에 공헌했지만 반면 전체주의와 민족주의, 즉 그 후의 나치스의 등장을 준비했다고도 생각할 수 있다.

하버

애 국 심 으 로   독 가 스 를   개 발 했 지 만

조국 독일을 위해 독가스를 개발한 화학자 하버. 부인마저 이를 만류하고 스스로 목숨을 끊었지만 하버의 맹목적인 애국심은 수많은 인명을 해치는 독가스를 만들어냈다. 그러나 유태인인 그는 수많은 공로에도 불구하고 결국 독일을 떠나 타지에서 쓸쓸히 죽어가야 했다.

나라를 위해 독가스를 개발하고
질소비료를 만들 수 있는
길도 터주고 많은 공을 세웠는데
내가 유태인이라는 이유로
나를 구박하다니……

공기로 비료를 만들자

독일의 화학자 **하버**는 뛰어난 실력에도 불구하고 유태인이라는 이유로 좀처럼 대학 조교 자리를 얻지 못하고 있었다. 그는 서른 살이 되어서야 간신히 조교로 채용될 수 있었다.

프리츠 하버
(1868~1934)
독일 화학자예요. 질소와 수소를 합성해 질소비료에 사용하기 위한 암모니아를 대량으로 생산하는 법을 고안했어요. 이에 대한 공로로 1918년 노벨 화학상을 수상했어요.

1906년 하버가 간신히 화학 교수직에 올랐을 때 그의 관심은 당시 화학계 최대 테마였던 공기 속의 질소를 화합물로 합성하는데 쏠려 있었다.

질소는 농작물이 성장하는데 필요한 양분 중에서 가장 부족하기 쉬운 것이다. 그러나 농사를 짓는데 질소비료는 꼭 필요하다. 질소는 공기 속에 많이 존재하지만 비료로 이용하려면 식물이 흡수할 수 있는 화합물의 형태여야 한다. 따라서 당시엔 자연에서 나는 칠레초석과 석탄의 가공 과정에서 생기는 부산물에서 얻을 수 있는 암모니아를 산업원료나 비료로 이용했다. 칠레초석은 남미 칠레에서 대량 수입되고 있었지만 언제 수입이 중단될지 알 수 없는 형편이었고 자원 고갈도 우려되고 있었다.

'그렇다면 대기 중에 약 80%나 포함되어 있는 질소를 이용할 수는 없을까?' 하는 것이 화학자들의 생각이었다. 많은 화학자들이 시도했지만 결국 하버와 보슈의 방법이 공업화되었다.

당시 화학계는 처음으로 200기압이라는 높은 기압과 섭씨 550도라는 높은 온도에서 질소와 수소를 반응시키는 방법을 사용했다. 가장 어려웠던 것은 고온고압에 견딜 수 있는 반응장치의 개발이었다. 이 개발을 담당한 사람이 **보슈**였다. 그는 철제 반응장치가 갑자기 폭발하여 자칫하면 생명을 잃을 뻔한 고생을 겪으면서도 고온고압에 거뜬히 견디는 반응장치를 만들어냈다. 이 반응장치의 성공으로 하버와 보슈는 수소와 질소를 이용해 암모니아를 합성하는데 성공했다.

칼 보슈
(1874~1940)
독일 공업화학자예요. 하버가 연구한 암모니아합성법을 공업화했어요. 1931년 노벨 화학상을 수상했어요.

하버와 보슈는 암모니아 합성법의 성공으로 독일 뿐 아니라 세계의 식량증산에 기여했다. 이 업적으로 하버와 보슈는 각각 1918년과 31년에 노벨 화학상을 수상하였다.

암모니아 합성으로 전쟁을 돕다

1913년 여름, 독일의 오파우 공장에서는 하버와 보슈의 방법에 따라 공기 속의 질소를 이용한 암모니아 제조가 시작되었다. 그리고 1914년 말 제 1차 세계대전이 발발했다.

하버와 보슈가 암모니아 합성에 성공했을 때 당시 독일 황제는 "자, 이제 안심하고 전쟁을 할 수 있겠군!"하고 말했다는 이야기가 전해온다. 해상봉쇄를 당해 칠레초석 수입에 어려움을 겪었던 시기였으므로 상상할 수 있는 이야기다. 전쟁 수행에는 빵과 화약이 대량으로 필요했다. 암모니아가 있으면 질소비료는 물론 화약의 원료가 되는 초산도 만들 수 있었다.

제 1차 세계대전은 5년이라는 세월과 대량의 화약을 소비했다. 암모니아 합성법의 공업화는 결과적으로 빵과 화약 양면에서 전쟁을 도운 셈이 되었다.

바닷물에서 배상금을 찾으려는 엉뚱한 발상

제 1차 세계대전에 패한 독일은 막대한 액수의 배상금을 물게 되었다. 하버는 바닷물 속의 금을 캐면 배상금을 갚을 수 있다고 생각했다. 당시 바닷물에는 1톤당 수 밀리그램 정도의 금이 포함되어 있다고 생각해 그것을 채취하면 된다고 믿었던 것이다.

그는 함부르크와 뉴욕을 왕복하는 여객선에 비밀 실험실을 차리고 회수실험을 했다. 그러나 바닷물 속의 금 농도를 측정한 결과 1톤당 0.004 밀리그램 밖에 포함되어 있지 않은 것을 알게 되었다. 결국 채취된 금의 양은 제로에 가까웠고 만약 채취할 수 있다 해도 그 금에 몇 배나 되는 돈이 들 것이므로 그 실험은 중지되었다.

독가스 개발과 아내의 자살

때는 1915년 4월 22일, 벨기에의 이플에서는 독일군과 프랑스군이 팽팽하게 대치하고 있었다. 이때 독일군 진지에서 황백색의 연기가 봄바람을 타고 프랑스군 진지로 조용히 흘러들어 갔다. 그것이 스며들어간 순간, 프랑스 병사들이 있던 참호 안은 제대로 숨을 쉬지 못해 절규하는 프랑스 병사들로 아비규환을 이루었다. 그들이 내뱉는 고통어린 비명 소리는 차마 들을 수 없을 만큼 끔찍한 것들이었다. 프랑스군 진지를 강타한 황백색 연기는 독일군이 방출한 170톤의 염소가스였다. 이 가스로 프랑스 병사 5천 명이 사망하고 1만 4천 명이 중독되어 고통을 받았다. 이것이 역사상 최초의 본격적인 독가스전으로 불리는 이플 전투다.

이 독가스전의 기술 지휘관은 다름 아닌 하버였다. '독가스를 무기로 사용하여 전쟁을 빨리 끝낼 수 있다면 무수한 인명을 구할 수 있다.' 는

것이 하버가 독가스 무기 개발에 다른 과학자들을 끌어들인 설득논리였다.

독가스를 이용한 화학전이 얼마나 비참한 것인가를 알고 있던 하버의 부인, 화학자 클라라는 화학전에서 손을 떼라고 남편에게 애원했다. 그러나 하버는 전혀 듣지 않았다. 하버는 "과학자는 평화시 세계에 속하지만 전시에는 조국에 속한다. 독가스로 독일은 신속한 승리를 얻을 수 있다."고 말하며 동부전선으로 떠났다. 클라라는 그날 밤, 스스로 목숨을 끊었다.

국가의 냉대로 실의 속에서 세상을 떠나다

사실 넓은 의미에서 독가스를 최초로 전쟁에 사용한 것은 프랑스라고 할 수 있다. 프랑스가 사용한 블로모 초산 에세르는 단순한 자극제이지 독가스가 아니라고 변명하고 있지만 제1차 세계대전에서 최초로 독가스(최루가스)를 사용했다. 그러나 역시 본격적인 독가스 사용은 제2차 이플 전투일 것이다. 제2차 이플전투 후 영국군은 같은 해 9월, 프랑스군도 이듬해인 1916년 2월에 염소가스로 보복했다. 이에 따라 독일도 연합군도 우수한 과학자를 동원하여 독가스 제조에 혈안이 되었다.

염소가스에 대응한 방독 마스크 등을 개발하자 독성이 염소가스의 열 배에 달하는 질식성 호스겐, 무색이며 접촉만으로 피부 화상을 입고 심한 폐기종, 장기장해를 일으키는 마스터드가스(이페리트) 등을 개발하였다. 그 개발의 선두에 하버가 있었다.

그러나 히틀러가 독일을 지배하게 되자 유태인인 하버에게도 차가운 바람이 불기 시작했다. 다시없는 애국자인 하버도 인종차별 앞에서는 평범한 '유태인' 이 될 수밖에 없었다.

그는 곧 독일을 떠나 스위스로 갔고 그 후 영국으로 건너갔다. 그러나 그를 반겨주는 사람은 아무도 없었다. 그는 실의에 빠져 영국에서 다시 스위스로 갔으며 그곳 바젤에서 1934년 1월 29일 쓸쓸히 세상을 떠났다. 화학자로서 조국 독일을 위해 아내마저 버렸지만 그에게 돌아온 것은 유태인 과학자라는 넘을 수 없는 한계와 좌절, 그리고 외로움뿐이었다.

에디슨이 낸 문제

위대한 과학자 에디슨은 1929년 포드와 대서양 무착륙 횡단비행을 한 린드버그의 도움을 얻어 에디슨 장학자금을 마련했다. 장학금을 받을 사람을 뽑기 위한 테스트에서 에디슨이 낸 문제는 인생의 핵심을 익살스럽게 꿰뚫는 것이었다. 70년도 더 지난 오늘날에도 상당히 의미 깊은 문제이다.

(1) 만약 100만 달러의 유산을 받는다면, 당신은 그것을 어떻게 쓰고 싶은가.
(2) 행복, 쾌락, 평판, 명예, 돈, 애정 가운데 당신이 자신의 일생을 걸고 싶은 것은 어떤 것인가.
(3) 죽음에 임해 자신의 일생을 되돌아보았을 때, 어떤 것으로 일생이 성공이었는지, 실패였는지 판정하겠는가.
(4) 어떤 경우에 거짓말을 해도 괜찮다고 생각하는가.

만약 지금 테스트를 받는다면 여러분은 어떻게 대답하겠는가? 에디슨은 우리에게 삶의 의미를 다시금 생각하게 한다.

사쿠고로

놀라운 발견을 이룬 집념의 과학자

와, 은행에도 정자가 있다니, 정말 놀라운 발견인걸. 끝없이 노력하고 관찰한 결과 겉씨식물에도 정자가 존재한다는 것을 밝혀낸 사쿠고로. 은행나무 가지에 판자를 대놓고 그곳에서 살면서 수없이 많은 은행들을 관찰한 그의 노력이 결실을 맺는 순간이었어요. 중졸 학력의 시골교사에서 세계가 인정하는 식물학자가 되기까지 그의 머나먼 여정을 함께 따라가 보아요.

1896년, 도쿄제국대 이과대학 식물학교 교실의 히라세 사쿠고로는 세계 최초로 은행의 정자를 발견했다. 이것은 당시 과학계에서는 일대 뉴스였다. 무엇보다 그 당시 일본은 국가로서 이제 막 근대화를 이루고 서양의 과학을 수입하여 어떻게든 소화하려고 필사적으로 노력하던 와중이었기 때문에 그의 발견은 일본 과학계에 상당히 힘을 주는 것이었다.

은행 연구에 몰두하다

히라세 사쿠고로는 원래는 중학교에서 도면과 그림을 중심으로 박물학과 체육을 가르치는 시골 선생이었다. 학력은 중졸이 전부였지만 엄한 가운데 다정함을 겸비한 존경받는 교사였다고 한다.

그런 그가 뜻한 바를 이루고자 1887년 도쿄로 올라와, 이듬해에 도쿄제대 이과대학 식물학과 교실에 화공으로 취직했다.

아직 사진기술이 발달하지 않았던 당시의 연구실에서 히라세의 그림 그리는 재주는 귀중한 것이었다. '히라세군, 진짜 식물처럼 그려주게.' 하는 주임교수의 부탁을 받고 스케치를 해나가면서 히라세는 어느새 프레파라트(현미경용 식물 · 광물 표본) 만드는 솜씨도 숙달되어 갔다. 당시는 면도칼을 이용하여 표본을 얇게 깎아 프레파라트를 만들었는데 이것 역시 연구실에서는 꼭 필요한 기술이었다.

그렇게 주위 연구자들에게 기술과 능력을 인정받아 은행(은행나무

열매)의 수정기를 현미경으로 확인하는 연구를 권유받았다. 은행 연구는 타고난 운동신경으로 나무타기를 잘했던 사쿠고로에게는 그야말로 안성맞춤인 주제였다. 그는 나뭇가지 사이에 판자를 대고 나무 위에서 며칠이나 살았다. 그렇게 해서 몇 백 개나 되는 은행을 채취하여 하나하나 끈기 있게 조사했다.

연구를 시작한 다음 해인 1894년 〈은행의 수태기에 대하여〉라는 제목의 논문을 발표한 데 이어 여러 편의 논문을 잇따라 발표했다.

은행에서 발견한 수수께끼 물체

1896년 1월, 여느 때와 마찬가지로 은행의 밑씨(암술의 일부분으로 뒤에 씨가 되는 기관) 단면을 현미경으로 보고 있던 사쿠고로는 묘한 모양을 발견했다. 둥글고 선명하지는 않지만 섬모가 빼곡하게 나 있는, 그때까지 본 적도 들은 적도 없는 것이었다.

그는 그 물체를 '은행의 기생충'이 아닐까 하고 생각했다. 은행의 밑씨에 기생충이 있다는 것은 상당히 엉뚱한 생각인데 그 스스로도 그렇게 생각했을지 모른다. 그는 식물학자인 세이치로에게 상담했다. 이케노는 과연 진짜 식물학자였다. 그는 한 번 보고는 "사쿠고로군, 자네는 정말 굉장한 것을 발견한 거야. 이게 바로 정자 같아!"하고 흥분한 얼굴로 알려주었다.

세이치로가 흥분한 것도 무리는 아니었다. 겉씨식물에도 정자가 있을지 모른다는 가정은 당시 식물학계가 밝혀내고 증명해야 할 큰 주제였기 때문이다.

식물에도 정자가 있다는 사실은 1827년경 **브라운**이 겉씨식물(암꽃의 밑씨가 씨방에 싸여 있지 않고 겉에 드러나 있는 식물로 은행나무, 소철, 소나무 등이 있어요.) 과 속씨식물(전체식물의 약 80%가 속씨식물이에요. 암술에는 씨방이 있어 밑씨가 씨방 속에 들어 있어요.) 의 차이를 밝힌 것이 계기다. 당시 식물분류학적 관점에서 보면 식물은 꽃이 피지 않는 은화식물과 꽃이 피는 현화식물로 나뉜다고 되어 있었다. 브라운의 발견은 그 분류체계에 대폭 수정을 초래하였다.

로버트 브라운
(1773~1858)
영국 식물학자예요. 우연한 기회에 오스트레일리아 해안지대를 조사하는 박물학자로 참가하여 식물학에 몰두하게 되었어요. 세포핵과 화분을 관찰하던 중 용액 속에 떠돌아다니는 미소 입자들이 자연적으로 끊임없이 움직인다는 '브라운 운동'을 발견했어요. 또 속씨식물과 겉씨식물의 차이를 밝혀냈어요.

같은 시기 이끼식물에 동물과 비슷한 정자가 발견되었고 1844년에는 양치식물에서도 정자의 존재가 밝혀졌다.

그래서 독일의 **호프마이스터**는 1851년에 저술한 책에서 겉씨식물에도 정자가 존재할지 모른다는 가설을 내세웠다. 그 이후 이 가설은 식물학상의 큰 문제가 되어 많은 식물학자들이 앞 다투어 이 연구에 뛰어든 상태였다.

빌헬름 호프마이스터
(1824~1877)
독일 식물학자예요. 이끼, 양치, 겉씨식물의 생활사를 깊이 연구하여 식물의 수정과 세대교체에 대해 수많은 새로운 사실들을 밝혀냈어요.

에듀아르드 슈트라스부르거
(1844~1912)
독일 식물세포학자예요. 종자식물의 수정을 밝히고 1888년에는 감수분열을 발견했어요. 체세포 분열과 감수분열의 과정을 상세하게 조사하여 '모든 핵은 핵에서 생겨난다.'는 주장을 폈어요. 그의 저서 《식물학 교과서》는 널리 읽혀지고 있는 명작이랍니다.

특히 독일의 **슈트라스브루거**의 연구는 그 당시 세계 최고를 달리는 것이었다. 그는 은행을 정

기적으로 채집하여 꽃가루관의 성장을 정자형성 직전까지 상세하게 관찰했다. 그러나 그는 은행의 수정과정을 6월부터 9월까지, 밑씨를 2주 간격으로 조사했을 뿐이었다. 은행에서 정자가 방출되는 것은 겨우 24시간에서 36시간 정도의 짧은 기간에 지나지 않았다. 따라서 이를 꾸준히 지켜보지 않으면 좀처럼 발견하기 힘들었다. 사쿠고로는 매일 은행을 채취하는 초인적인 노력으로 세기의 대발견을 한 것이었다.

드디어 정자를 확인!

그러나 사쿠고로가 발견해 기생충이라고 오인했던 것이 정자라고 해도 "움직이고 있는 것을 못 보면 확실하다고 할 수 없다."고 세이치로는 사쿠고로에게 말했다. 이 말을 들은 사쿠고로는 더욱더 연구에 매진했다. 그리고 8개월 후인 1896년 9월 9일 드디어 사쿠고로의 노력이 결실을 맺었다. 계속 찾았던 '움직이는 정자'를 발견한 것이다.

그는 이 사실을 즉시 논문으로 집필해 발표했다. 이 논문이 《식물학잡지》에 게재된 〈은행의 정충에 대하여〉이다. 겨우 3페이지, 1795글자, 도판 없는 이 논문에서 그는 세계 최초로 겉씨식물 정자의 존재를 보고했다.

'꽃가루관의 한쪽 끝에서 튀어나와서 … 액즙 안을 자전하면서 굉장히 신속하게 돌아다니는 모습을 목격할 수 있었다.'는 묘사에서 오랜 세월에 걸친 지루한 노고를 시원하게 날려버리는 사쿠고로의 뛸 듯한 기쁨과

흥분이 전해진다.

한편, 세이치로의 원래 연구 테마는 소철이었는데 그것은 정자의 발견을 목표로 한 것이 아니었다. 그러나 사쿠고로의 발견에 고무된 그는 즉시 가고시마(鹿兒島)로 가서 소철의 밑씨를 채집하여 도쿄로 가져왔다. 설레는 마음을 억누르며 현미경을 보니 역시 정자를 볼 수 있었다.

즉시 사쿠고로를 불러 '자네 쪽은 의문스럽다고 했지만 내 쪽은 이렇게 털이 확실한 분명 정충이야. 이것 보게.' 하고 현미경을 보여주었다고 한다.

사쿠고로, 갑작스런 사직

사쿠고로와 세이치로에 의한 대발견은 순식간에 전 세계로 퍼져갔다. 이에 자극을 받아 자미아 등 다른 여러 종류의 소철에서 속속 정자가 발견되기 시작했다.

그러나 이상하게도 이 대발견이 있던 이듬해, 사쿠고로는 제국 대학을 갑자기 사퇴하고 히코네의 중학교 교사로 부임해 버렸다. 유감스럽게도 자세한 경위는 알려지지 않았지만 학력이 없는 사쿠고로에게 학위를 줄 것인가 말 것인가에 대해 제국대 교수회 내부의 대립이 원인이었던 것 같다. 그의 동료였던 마키노는 후에 '사쿠고로는 능히 박사학위를 받을만한 자격이 있다고 할 수 있는데…갑자기 주동자의 희생양이 되어서…' 라고 쓰고 있다.

훌륭한 실적이 있지만 그 가치가 학력이 없다는 것 때문에 인정받지 못한다는 것은 과학의 세계에서는 원래 없어야 하는 일이다. 그러나 사쿠고로는 그 부조리 때문에 당연히 얻었어야 할 여러 가지 명예를 자기 것으로 할 수 없었다.

그래도 사쿠고로의 연구 혼(魂)은 꺾이지 않아 전직한 다음 해에 그 때까지의 은행 연구의 집대성이라고도 할 수 있는 논문을 집필했다.

사쿠고로와 세이치로에게 은상이 주어지다

1912년 사쿠고로와 세이치로 두 사람은 정자발견의 공적으로 제국학사원으로부터 학사원 은사상을 받았다. 당시 학회 최고의 상이었다. 사쿠고로는 56세가 되어서야 비로소 학자로서 최고의 영예를 누렸다. 그러나 사쿠고로처럼 학력이 없는 사람에게 수여하는 전례가 없었기에 사실 학사원은 당초 박사학위가 있었던 세이치로에게만 수여할 생각이었다. 이때도 학력에 대한 편견이 또다시 사쿠고로의 발목을 잡을 뻔했다. 그러나 "사쿠고로가 못 받는다면 나도 거절하겠다."고 세이치로가 주장하여 두 사람이 나란히 수상하였다고 한다.

사쿠고로는 히코네에 부임한 후 교육에 진력하다 69세를 앞둔 1924년 1월 4일 자택에서 간경변으로 사망했다. 그가 정자를 발견한 은행은 도쿄대 식물원에서 지금도 자라고 있다.

드루데

자유전자의 존재를 생각해 낸 기발한 발상

금속이 전기를 옮기는 것은 금속 속에 '자유전자'라는 심부름꾼이 있어 전기와 열을 옮겨주기 때문이라고 믿은 '금속전자론'의 대가 드루데. 아인슈타인이라는 젊은 과학도에 의해 그의 이론 일부가 오류로 드러났지만 고체 속을 기체처럼 이리저리 돌아다니는 전자라는 존재를 생각해 낸 그의 과감하고 기발한 발상들은 지금도 그 가치를 인정받고 있어요.

금속선(전기의 양극을 이어 전기의 전도에 쓰이는 쇠붙이 줄) 양쪽에 알전구와 전지를 연결하면 어떻게 될까? 하고 물으면 대부분의 사람들은 전구에 빛이 들어온다고 대답할 것이다. 금속 소재는 전기가 잘 통한다는 것을 알고 있기 때문이다. 우리는 그 이치를 금속에는 자유롭게 움직이는 '자유전자'가 있어 전기나 열을 잘 운반하기 때문이라고 배웠다. 이 '자유전자'라는 생각을 도입하여 금속이 전기가 잘 통하는 이유를 처음으로 설명한 사람이 독일의 물리학자 **드루데**이다.

폴 칼 루드비히 드루데
(1863~1906)
독일 물리학자예요. 고체의 전기적 성질과 열적 성질을 전자의 운동으로 설명했어요.

폴 제임스 클러크 맥스웰
(1831~1879)
영국 물리학자예요. 맥스웰의 방정식이라 불리는 전자기학 이론을 완성시켰어요.

에테르의 물리학

1873년에 **맥스웰**이 전기와 자기(자석의 특유한 물리적 성질)를 통일적으로 나타내는 '맥스웰 방정식'을 만드는데 성공했다. 거기에서 전자파의 존재가 이론적으로 나왔다. 그리고 맥스웰은 전자파의 계산상의 성질이 빛의 성질과 많이 닮았다는 점을 들어 전자파가 빛의 정체라는 설을 주장했다. 전자파의 실체는 1888년 **헤르츠**가 실험으로 증명했다.

하인리히 루돌프 헤르츠
(1857~1894)
독일 물리학자예요. 맥스웰의 전자기학을 수학적으로 정리하고 또 실험 면에서도 맥스웰이 예언한 전자파의 존재를 증명, 그 성질이 빛과 같다는 것을 밝혀냈어요.

드루데는 맥스웰의 새로운 이론을 이해하기 위해 4년간 집중적으로 공부했다. 맥스웰의 이론과 그때까지의 이론

을 상세하게 비교하고 연구한 결과 맥스웰의 생각이 옳다는 것을 확신하기에 이르렀다. 1892년, 드루데는 독일 최초로 맥스웰의 전자기학에 대한 해설서를 출판했다. 《에테르의 물리학》이 바로 그 책이다. (빛을 파동으로 생각했을 때, 에테르는 이 파동을 전파하는 심부름꾼 정도로 생각한 가상의 물질이에요.)

드루데의 금속전자론

같은 시기 한 물리학자가 그때까지 '더 이상 분할되지 않는 것'이라고 믿었던 원자의 내부 구조를 밝혀내기 시작했다. 영국의 물리학자 톰슨은 1897년, 진공방전에 있어 음극선은 원자보다 가벼운 입자의 흐름이라는 것을 밝혀냈다. 그리고 이것을 '전자'라 이름지었는데 드루데는 이 입자 즉 '전자'에 주목했다.

1900년, 드루데는 금속의 전기전도에 대해 금속 같은 고체 속에서도 전자가 마치 기체처럼 운동한다는 대담한 가설을 발표했다. 이렇게 기체처럼 운동할 수 있는 전자를 자유전자라고 하고, 전기를 통하는 물질과 통하지 않는 물질의 차이는 자유전자 수에 따른 것이라고 했다.

드루데가 취한 방법에 이의를 제기한 한 젊은이가 있었다. 학위를 따기 위해 공부를 하고 있던 아인슈타인은 드루데가 증거로 한 통계적 수법에 대해 의문을 품고 드루데에게 편지를 보냈다. 그러나 드루데에게서 온 답장은 기뻐할 만한 것이 아니었다. 또 제출한 학위 논문에서도 드루데가 이용한 통계적 수법에 대한 비판을 수록하였는데 그 때문에 지도 교수로부터 학위 신청을 취소하라는 명령을 받았다. 아인슈타인의 지적은 드루데 시대의 고전 물리적인 사고방식으로는 이해할 수 없는 것이었기 때문이다.

실제로 드루데의 금속전자론(금속전자론은 금속의 여러 성질을 금속 내 전도전자의 운동에 의해 설명하려는 이론이에요.)에는 여러 문제점이 있었다. 가장 큰 문제는 비열(비열은 물질 1g의 온도를 1k 올리는데 필요한 열량이에요.)에 관한 문제였다. 드루데의 주장대로라면 금속에는 원자와 같은 수의 전자가 자유로이 운동하고 있다. 비열은 움직일 수 있는 입자 수에 비례하므로 전자 수만큼 금속의 비열이 커진다는 것을 예상할 수 있는데 실험에서는 그런 증가가 관측되지 않았다.

또 아인슈타인은 1905년에 상대성이론을 발표, 드루데가 저서 제목으로도 사용했던 전자파를 전하는 매체인 '에테르'의 존재를 부정했다. 물리학의 혁명이 시작된 것이다.

드루데의 갑작스런 죽음

그러나 드루데는 그런 발전을 보지 못하고 1906년 베를린에서 급사했다. 42세라는 이른 죽음은 물리학에 종사하는 사람들을 슬프게 했다.

드루데는 그 후 금속전자론의 발전을 보지 못했지만 남겨진 문제는 양자역학으로 해결되어 갔다. 그리고 드루데의 고전적인 금속전자론은 금속을 이해하는데 가장 기본적인 견해이므로 지금도 중학교나 고등학교 교과서에 계속 싣고 있다.

노벨

다이너마이트 발명자의 숨겨진 신념

노벨이 자기의 발명품인 다이너마이트를 전쟁에 사용해 사람의 목숨을 해친 것에 대해 죄책감을 느꼈기 때문에 노벨상을 제정했다고 생각하는 사람들이 많을 거예요. 하지만 그는 오히려 다이너마이트 같은 강력한 무기가 전쟁을 예방할 수 있다고 굳게 믿었다네요. 물론 다이너마이트로 부를 쌓은 것에 대해 쏟아지는 비난의 눈길들을 부담스러워하긴 했지만요. 어쨌든 그는 죽어서 자신의 유산으로 노벨상이라고 하는 상을 만들었고 이를 통해 자신의 부를 사회에 훌륭히 환원시켰어요.

노벨이 남긴 유언

알프레드 노벨
(1833~1896)
스웨덴 화학자. 1859년 폭발성 액체인 니트로그리세린을 만들기 시작했어요. 한때 미치광이 과학자로 불릴 만큼 위험한 실험을 마다하지 않았어요. 결국 다이너마이트와 뇌관을 만드는데 성공하여 엄청난 부를 쌓았어요. 그는 평생 전쟁을 증오하고 평화를 외쳤으며 자신의 발명이 전쟁을 끝낼 수 있을 거라고 믿었어요. 죽은 뒤 전 재산을 노벨상 운영에 기부했어요.

노벨상 수상식은 **노벨**이 세상을 떠난 날인 12월 10일, 스톡홀름과 오슬로(평화상)에서 매년 거행된다. 노벨상은 다이너마이트 발명과 유전 개발로 어마어마한 부를 쌓은 노벨이 자신의 유산을 활용해 '지난 1년간 인류에 가장 공헌한 인물'에게 상을 주라고 유언한 데서 출발했다. 노벨은 죽기 약 1년 전에 쓴 유언서에서 다음과 같이 밝혔다.

내 유산을 다음과 같이 처분해 주기 바란다. 유언집행인은 확실한 유가증권에 유산을 투자하고 그것으로 기금을 만든다. 이 기금에서 발생한 이자를 5등분하여 그 전년도에 인류에 가장 공헌한 사람들에게 상금으로 준다.

· 물리학 분야에서 가장 중요한 발명이나 발견을 한 자(者).
· 가장 중요한 화학적 발견이나 개량을 한 자.
· 생리학 또는 의학에서 가장 중요한 발견을 한 자.
· 이상주의적 문학에 대해 두드러진 기여를 한 자.
· 국가 간 상호관계를 촉진하고, 평화회의의 설립이나 확대, 군비의 폐지와 축소에 크게 노력한 자.

물리학 및 화학에 대한 수상자는 스웨덴 왕립과학아카데미에서, 생리학 또는 의학에 대한 수상자는 스톡홀름의 카롤린스카의학연구소 노벨회의에서, 문학상은 스웨덴 학사원에서, 평화상은 노르웨이 의회가 선정하는 5명으로 구성된 위원회에서 선발한다. 상금은 국적을 불문하고 수여하며, 스칸디나비아인이든 외국인이든 가장 훌륭한

자격이 있는 사람에게 주기 바란다.
이것은 나의 단 하나의 유효한 유서로서 내가 죽은 후, 이것 이외에 어떠한 유서가 나타나더라도 그것은 전부 취소된다. 내가 죽으면 동맥을 절개하여 의사가 내 죽음을 확인한 뒤에 사체를 화장해 주기 바란다. 이것이 나의 명백한 의지이며 명령이다.

이로써 노벨이 사망한 후, 노벨 재단(본부 스톡홀름)이 설립되었으며 1901년부터 노벨상을 수여했다. 처음에는 '물리학 · 화학', '의학', '생리학', '문학', '평화' 등 5개 부문에서 시작되었지만 69년에 '경제학상'을 신설해 6개 부문이 되었다.

다이너마이트 이전의 화약

화약은 나침반, 종이와 함께 중국 3대 발명품의 하나로 알려져 있다. 중국에서는 10세기 무렵부터 화약을 사용하기 시작했다. 당시 만들어진 화약은 목탄, 유황, 초석을 각각 분말로 만들어섞은 흑색 화약이었다.

그러나 흑색화약은 젖으면 발화하지 않고 연기가 심하며, 폭발력도 약했다. 따라서 사람들은 새롭고 강력한 화약의 출현을 오랫동안 기다렸다.

1846년에 니트로세룰로오스, 후에 '면화약' 이라고 불리게 된 것이 발명되었다. 이 화약은 폭발력이 흑색화약보다 훨씬 강력했지만 너무 쉽게 폭발하는 성질로 인해 큰 폭발 사고가 자주 일어났나.

니트로세룰로오스가 발명된 지 1년 후, 니트로글리세린이 발명되었다. 니트로글리세린은 무색 투명한 물질로 두드리거나 열을 가하면 엄청난 힘으로 폭발하였다. 그러나 이것 역시 약간의 충격에도 폭발해 버리므로 운반과 보존이 문제로 남아 있었다. 이런 치명적인 단점 때문에 사람들은 결국 새 화약을 간절히 바라면서 흑색화약을 계속 사용했다.

다이너마이트의 탄생

노벨은 당시 유럽에서 화제가 되었던 니트로글리세린을 대량 생산하기 위해 1862년 스웨덴에서 아버지, 형제들과 함께 작은 폭약 공장을 세웠다. 그러나 그의 공장에서도 엄청난 폭발사고가 일어나 공장이 파괴된 것은 물론 일하던 사람 5명이 사망했다. 그 중에는 노벨의 막내 동생도 있었다. 아버지도 이 사고로 충격을 받아 얼마 후 세상을 떠났다. 그는 이 사고를 계기로 남은 형제들과 함께 안전한 폭약을 만들기 위한 연구에 돌입했다. 지상에서는 공장 건설이 어려워 배 한 척을 구입해 거기에서 연구를 시작했다.

1866년, 노벨은 마침내 **규조토**에 니트로글리세린을 넣어 스미게 하면 안정성이 높아지고 취급도 쉽다는 사실을 발견했다. 여기에 그가 발명한 **뇌관**을 사용하면 정확하게 폭발하고 폭발력도 니트로글리세린과 비교해서 떨어지지 않았다. 1년 후, 그는 그 폭약을 '다이너마이트'라는 이름으로 시장에 내놓았다.

규조토

1억년 전부터 호수나 바다에 살았던 단세포 조류인 규조가 약 1만 5천년 동안 화석화된 것이 규조토예요. 열에 강하고 가벼워요. 용도도 매우 다양해 흡착제, 여과제, 충전제, 보온재 등에 사용한답니다.

뇌관

뇌관은 폭약 또는 화약을 폭발시키기 위해 기폭약을 관에 넣은 것이에요. 니트로글리세린은 폭발하면 강력한 폭약이지만 흑색화약과 달리 불을 붙이는 것만으로는 터지지 않아 니트로글리세린을 기폭하기 위해 노벨이 발명한 것이에요.

그가 다이너마이트를 개발한 데는 한 가지 에피소드가 전해진다. 니트로글리세린을 넣은 캔을 수송할 때 패킹재로써 규조토를 깔았는데 그만 실수로 깨진 캔에서 흘러나온 니트로글리세린이 규조토에 스며들었다고 한다. 이 같은 현상을 놓치지 않고 본 노벨이 이를 응용하여 다이너마이트를 개발했다는 것이다.

그러나 노벨은 이러한 세간의 이야기를 부정하였다. 그는 종이, 펄프, 톱밥, 목탄, 석탄, 벽돌가루 등 여러 가지를 시도했으나 잘 되지 않아서 마지막으로 규조토를 사용해 성공한 것이라고 밝혔다.

그는 다이너마이트 이외에도 무연화약 밸리스타이트를 개발하여 군사용 화약으로 세계 각국에 판매했다. 또 세계 각지에 약 15개의 화약공장을 경영하였고 또 러시아에서는 버크 유전을 개발하여 막대한 부를 쌓았다.

강력한 무기만이 전쟁을 예방할 수 있다

노벨이 자기의 발명품을 전쟁에 사용한다는 데 죄책감 같은 것을 갖고 있다고 생각하는 사람이 많을 것이다. 그러나 그것은 사실이 아니다. 노벨이 그를 방문했던 평화운동가 주트너에게 한 말이 있다.

"전쟁이 영원히 일어나지 않기 위해서 아주 강력한 억제력을 가진 물질이나 기계를 발명하고 싶습니다. 적군과 아군이 단 1초만에 완전히 상대를 파괴할 수 있는 시대가 온다면 모든 나라는 너무나 강력한 위협에 전쟁을 포기하고 군대를 해산하게 될 것입니다."

즉, '한 순간에 서로를 무너트릴만한 무기를 만들 수 있다면 너무나 두려운 나머지 전쟁을 일으키려는 생각이 없어질 것이다.' 고 생각했던 것이다. 우수한 군사용 화약을 개발해 각 나라의 군대에 판매한 배경에는 그의 이러한 생각이 있었다. 즉 다이너마이트를 통해 평화를 수립할 수 있을 거라는 개인적인 믿음이 있었던 것이다.

그는 평생 전쟁을 증오하고 평화를 원했던 사람이었다. 다만 군비를

축소하는 것만으로는 평화를 지속할 수 없고 무기의 살상 능력이 높아질수록 평화로워질 것이라고 생각했다.

그러나 평소 신념과 상관없이 그는 사람을 죽이는 무기인 다이너마이트를 팔아 부자가 되었다는 세상 사람들의 따가운 눈초리만큼은 부담스러워했던 것 같다.

돌턴

색맹이라는 장애를 딛고 이룬 꿈

이 세상 물질을 쪼개고 쪼개고 또 쪼개어 최종적으로 만들어진 가장 작은 알갱이를 '원자'라고 합니다. 원자에는 어떤 성질이 있을까요? 또 원자의 무게는 어떻게 측정할 수 있을까요? 과학자들은 정말 어려운 문제를 푸는 사람들인 것 같아요. 평생 제대로 된 교육은 받지 못했지만 열두 살 때 이미 교육기관을 열어 아이들에게 과학과 수학을 가르쳤고 평생을 과학 연구에 바친 돌턴. 돌턴은 이 원자의 비밀을 밝히기 위해 많은 노력을 했던 과학자랍니다. 자, 돌턴을 만나볼까요?

돌턴에게는 빨간 양말이 무슨 색으로 보였을까?

교과서에 원자 이야기가 나올 때 반드시 등장하는 인물이 영국의 **돌턴**이다. 가난한 농가에서 태어난 그는 어려운 집안을 돕기 위해 겨우 12살 때 학원을 열어 학생들을 가르쳤다. 그 후 한때 정식으로 학교 선생이 되었지만 대부분은 작은 학원에서 아이들에게 수학과 과학을 가르치는 교사로 지냈다. 열이 에너지의 일종이라는 것을 밝힌 영국의 물리학자 줄도 그의 개인교습을 받은 학생이었다. 돌턴은 평생 독신으로 살았으며 일과는 굉장히 규칙적이었기 때문에 이웃사람들은 그가 오가는 것에 맞추어 시계를 맞췄을 정도였다.

존 돌턴
(1766~1844)
영국 화학자이자 물리학자예요. 근대적 원자론의 기초를 구축하는 업적을 세웠어요. 1787년부터 기후 변화를 기록하는 기상관측일지를 통해 과학적 연구를 시작했는데 이 관측일지는 무려 20만 항목에 이른다고 해요. 정말 놀랍죠? 그는 오로라에 관한 관측연구도 했는데 아주 독창적인 결과로 주목받았어요. 또 무역풍의 발생 원인이 지구의 자전, 온도변화와 관련 있다는 결론도 얻었어요. 그 외에도 습도계, 온도계, 기압계, 강우와 구름의 형성, 증발과 분포, 이슬점 개념을 포함한 대기의 특성, 비의 발생이론 등을 정립했어요.

그런 그가 제일 먼저 매달린 것은 색맹에 대한 연구였다. 자기가 타고난 색맹이었기 때문이다. 그는 빨간색, 주황색, 황색, 녹색을 구별하지 못하여 모두 회색 또는 칙칙한 엷은 갈색으로 인식하는 적록색맹이었다. 그래서 어머니에게 회색의 수수한 양말을 선물할 생각이었는데 새빨간 색의 화려한 양말을 고르고 말았다는 실패담이 남아 있다.

돌턴은 자기가 색맹인 것은 눈의 내부에 있는 액체가 빛 속의 빨간 부분을 흡수해 버리기 때문이라고 믿었다. 그래서 자기가 죽으면 눈을 꺼

내 조사해 달라고 유언했다. 돌턴이 죽은 후 실제로 친구인 의사 랜섬이 그의 눈 한쪽을 조사한 결과 그의 생각이 틀렸음이 밝혀졌다. 그러나 영어에서는 적록색맹을 그의 이름을 빌어 '돌터니즘' 이라고 한다.

기상연구에서 원자론으로

돌턴은 기상관측을 좋아하는 사촌의 영향을 받아 직접 기상관측기구를 만들어 기압과 기온 등을 매일 계측 · 기록하였다. 그는 이 일을 대단히 마음에 들어해 죽기 전까지 56년간이나 계속 기록했다. 그가 죽기 전날 작성한 관측 노트에는 '오늘 비 조금' 이라는 기록이 남아 있다고 한다. 돌턴은 기상학에도 큰 관심이 있었지만 그밖에도 화학, 물리학 등 과학 전반에 걸쳐 깊은 관심을 가지고 있었다.

그가 과학 발전에 가장 큰 영향을 끼친 것은 '원자론'을 정립했다는 데 있다. 돌턴은 '물질을 쪼개고 또 쪼개면 더 이상 쪼갤 수 없는 입자가 되는데 이것이 바로 원자다.'라고 규정하고 원자에 관해 몇 가지 주장들을 내놓았다. 돌턴의 원자론은 현대과학이 발달하여 몇 가지의 오류들이 밝혀졌지만 오늘날에도 사용하는 원자론의 바탕이 되었다.

원자량을 측정했다

1802년 돌턴은 친구인 헨리와 공동연구로 물에 대한 기체의 용해도는 그 압력에 비례한다는 것(헨리의 법칙)을 밝혀냈다. 또 그 이듬해에는 기체의 종류에 따라 용해도가 다른 이유를 기체 '원자의 중량과 수'의 차이에서 구했다.

그는 '기체의 용해도를 비교해 보면 무거운 기체의 용해도가 큰 것 같다. 그래서 입자의 무게와 용해도는 관련이 있는 것이 분명하다. 그것을 알려면 각 원자의 무게를 구하면 되지 않을까?' 하고 생각했다. 그래서 가장 가벼운 기체인 수소가스의 수소원자 중량을 1로 한다면 산소나 질소는 각각 몇 배의 중량을 갖는가를 구하고자 했다. 이것은 오늘날로 치자면 원자량을 구하는 일이다.

전제는 모든 물질은 모두 각각 중량도 형대도 똑같은 원자여야 한디는 것이다. 수소와 산소는 중량으로 보아 거의 1 대 8의 비율로 화합하여 물이 된다(돌턴은 실험이 순조롭게 되지 않았으므로 처음에는 1 대 5.5, 나중에 1 대 7로 했지만, 여기에서는 정답인 1대 8의 비를 사용하도록 하자.) . 수소원자와 산소원자가 몇 개씩 연결되어 물이 되는지는 몰랐으므로 원자수의 비를 1대 1로 가정했다(**최단순성의 원리**). 왜냐하면 수소원자의 중량을 1로 한다면 산소원자는 8이 된다. 그래서 수소의 원자량은 1, 산소의 원자량은 8이 된다. 이렇게 해서 원자량을 정했다.

최단순성의 원리
돌턴의 원자량 결정법은 원자의 결합 양식에 대해 최단순성의 원리라는 가정(두 개의 원소에서 단 하나의 화합물이 만들어지는 경우 그 연결된 원자의 비율은 1대 1이다.)하에 이루어진 것이에요. 정확히는 수소원자의 질량을 1로 한다면 산소원자는 16이에요.

1803년 9월 6일 돌턴은 세계 최초로 원자량표를 노트에 기입했다. 신기하게도 그 날은 돌턴의 생일이었다. 그는 이 내용을 1805년에 논문으로 발표했다. 그는 여기에서 "물체 최소입자의 상대적 중량 탐구는 내가 알고 있는 한 전혀 새로운 과제이다. 나는 최근 이 탐구를 추진하면서 괄목할 만한 성과를 얻었다."라고 기술하고 있다. 또한 화학에 관한 학설을 《화학의 신체계》라는 책을 통해 정리했다. 이 책에는 원자량에 대한 부분이 10쪽 가량 기술되어 있다.

원자량 발표 당시의 반응

결국 돌턴은 원자량표를 제출했지만 원자량을 정확하게 구할 수는 없었다. '두 개의 원소에서 단 하나의 화합물이 만들어질 경우, 그 연결되는 원자 수의 비는 1 대 1이다.' 라는 가정(최단순성의 원리)에 의해서만 원자량을 산출할 수 있었기 때문이다. 당시에도 실험적으로 증명되지 않은 최단순성의 원리라는 가정에는 강한 비판이 있었다.

돌턴의 공적은 원자량 산정에서는 불충분했지만 화학 연구에 있어 원자량이 매우 중요하다는 것을 깨닫는 계기가 되었다는 점이다. 돌턴의 원자량을 계기로 그 후 100년이라는 긴 세월에 걸쳐 원자량 탐구가 이루어져 왔다.

돌턴 등이 수립한 원자론은 이후 화학발전의 기초가 되었다. 오늘날은 원자량을 상당히 정확하게 산출한다. 또 원자의 모습도 볼 수 있어 원자의 실증은 완전히 증명되었다. 그뿐만 아니라 원자 내부의 미세구조까지 밝혀졌다.

과학 아닌 과학

심령학에 매료된 과학자들

눈빛만으로 물건을 움직이거나 휘게 만드는 초능력, 물건의 내부를 꿰뚫어본다는 투시력, 이에 대한 연구는 과연 과학의 범위 안에 드는 것일까요? 이를 두고 여러 가지 의견이 분분한데 의외로 이런 '초심리학'에 매력을 느껴 이를 과학적으로 증명하려는 과학자들이 아주 많다는군요.
물론 이를 비판하는 과학자들도 많구요. 여러분은 어떻게 생각하세요. 유령의 존재, 과학으로 증명할 수 있을까요?

초능력 연구는 과학의 대상인가?

초심리학이란 말하자면 '초능력'을 과학적으로 연구하는 학문이다. 그런데 이런 것들이 과연 과학의 연구 대상이 될 수 있을까? 또 과학의 한 분야로 진지하게 검토한 적이 있었을까? 그러나 놀랍게도 과학사를 돌이켜보면 많은 과학자들이 이 해괴한 분야에 관계했었다는 것을 알 수 있다.

유령과 대화하는 폭스 자매

초심리학에 대한 연구는 19세기로까지 거슬러 올라간다. 그리고 그 원류라고 할 수 있는 **심령주의** 붐은 폭스라는 아주 평범한 가정에서 시작됐다. 1847년 폭스 일가의 세 자매는 뉴욕주의 하이즈빌로 이사했다. 이 새 집은 전혀 색다를 것 없는 평범하고 작은 집이었다. 그러나 이 집에서는 밤만 되면 아주 이상한 일들이 벌어졌다. 집안 이곳저곳에서 소근소근하는 기묘한 소리가 들렸다. 게다가 그 소리는 가족의 목소리에 반응했다. '10번 두드려.' 하고 말하면 똑똑하고 10번을 두드리는 소리를 냈고, '너는 유령이냐?' 하고 묻자 그것에 반응하여 다시 똑똑하고 소리를 내었다고 한다.

심령주의

심령주의는 죽은 사람의 영혼이 영매라고 하는 존재를 통해 산 사람과 의사소통을 할 수 있다고 믿는 신앙이에요. 19세기에 영국과 미국을 중심으로 시작되었는데 처음에는 일반인들 사이에서 유행했지만 이윽고 과학자 등 지식인들도 발을 들이게 되었어요.

유령과 대화하는 능력이 있는 영매라고 주장했던 폭스 자매들

윌리엄 제임스
(1842~1910)
미국 철학자예요. 프래그머티즘(실용주의)를 확립, 미국 철학의 황금시대를 구축했어요.

올리버 로지
(1851~1940)
영국 물리학자예요. 1차 세계대전에서 아들을 잃은 것을 계기로 심령연구를 시작, 심령과학 구축에 몰두했어요.

코난 도일
(1859~1930)
영국 작가이자 의사예요. 주인공 셜록 홈즈가 조수인 왓슨과 차례차례 어려운 일들을 풀어가는 추리소설 《셜록 홈즈》 시리즈로 큰 인기를 얻었어요. 아들과 친척들이 1차대전에서 죽은 뒤 심령주의에 빠지게 되었어요.

이 집은 곧 유명해졌고 폭스 자매는 영매(靈媒)로서 이 현상을 사람들에게 공개했다. 대부분의 사람들은 '이야말로 진짜 유령의 짓이 분명하다.' 고 생각했지만 버팔로 의과대학에서 온 세 명의 교수는 자매들의 무릎 관절에서 나는 소리에 불과하다고 지적했다.

결국 세 자매 중 둘째와 셋째는 둘 다 남편을 잃고 알콜 중독이 되었는데 둘째딸은 유령과의 교신이 속임수였음을 고백했다.

그러나 이 소동의 와중에도 전문 연구 조직인 영국심령연구회(SPR)와 미국심령연구협회(ASPR)가 설립되는 등 심령 현상에 대한 사람들의 호기심은 식지 않았다.

이때 심리학자, 철학자로 알려진 **제임스**도 심령 연구에 큰 관심을 느껴 ASPR을 지원했다. 또한 물리학자인 **로지**, 《셜록홈즈》 시리즈의 작가 **도일**까지도 심령주의에 마음을 빼앗겼다.

심령연구에서 초심리학으로

가짜 영매사(靈媒師) 등으로 혼란이 끊이지 않자 그 후 과학자들의 관심은 심령 현상보다 인간의 미지 능력을

찾는 실험적인 초심리학 쪽으로 옮겨갔다. 초심리학은 조셉 **라인**, 루이자 라인 부부에 의해 큰 발전을 하게 된다. 그들은 초심리학 연구를 위해 듀크 대학 심리학자인 윌리엄 맥두걸의 문하로 들어갔다.

라인 부부는 함께 시카고 대학에서 식물학 박사학위를 받은 사람들이었지만 도일의 심령 연구 강연을 들은 후 이에 감명을 받아 식물학 교수를 그만두고 초심리학 연구에 뛰어들게 되었다.

이 부부는 듀크 대학 연구실에서 제너카드와 **ESP카드**에 의한 투시실험을 반복했다. 그들은 1934년까지 무려 9만 번이나 테스트를 했다고 한다. 그리고 그 실험 결과를 《초감각적 지각》이라는 제목의 책으로 발간해 큰 반향을 불러일으켰다. 이후 세계 각국에서는 통계적, 실험적인 초심

조셉 뱅크스 라인
(1895~1980)
미국 초심리학자에요. 투시, 텔레파시, 염력에 대한 연구법을 확립하고 초감각적 지각, 염력 등의 개념을 정립, 이 영역을 초심리학이라 이름 지었어요. 사진은 라인 부부예요.

EPS카드
제너카드와 EPS카드 모두 투시실험을 위해 만들어진 특수한 카드예요. 트럼프처럼 생긴 카드 위에 갖가지 모양이 그려져 있는데 실험대상자는 그 카드를 엎어놓은 상태에서 카드의 모양을 추측하게 되죠.

리학 연구가 활발해졌다.

무엇이 그들을 매료시켰나?

역사를 돌아보면, 심령이나 초능력에 대한 관심은 과학적 실험이나 연구를 하는 가운데 생겨난 것이 아니었다. 지금까지 보아왔듯이 오히려 종교적, 신비적인 색채가 짙은, 과학과는 정반대의 영역에 관한 경험이 계기가 되었다.

또 초심리학의 원류인 심령주의의 붐이 일어난 것은 19세기 말에서 20세기에 걸친 대변동기였다. 이 무렵 사람들은 급변하는 시대 속에서 지금까지 경험해 보지 못한 불안을 품고 있었던 것이 분명했다.

초심리학은 과학인가?

초심리학 연구는 1960년대 말에 큰 전환기를 맞았다. 1969년, 세계 최대의 과학 단체인 미국과학진흥협회(AAAS)가 미국 초심리학회(PA)를 정식 회원으로 받아들인 것이다. 초심리학자들은 '초심리학이 드디어 과학의 일부로 인정을 받았다.' 며 기뻐했다. 그러나 AAAS측은 가입해 있던 타 단체의 과학자들로부터 맹렬한 비난을 받아야 했다. 특히 유명한 물리학자 존 보일러는 다음과 같은 준엄한 메시지를 AAAS 회장 앞으로 보내고 PA를 제명할 것을 요청했다.

'과학 단체가 굳이 자기 몸을 사기꾼에게 팔아넘기지 않더라도 지금의 미국에는 수없이 많은 사기꾼이 있다. AAAS는 인기를 원하는가 아니면 진정한 과학 단체이길 원하는가, 곰곰이 생각해 보아야 한다.'

보일러의 호소에도 불구하고 PA는 AAAS로부터 제명되는 일 없이 오늘날에 이르고 있다. 그리고 현재에는 여러 초심리학 학회나 연구소가 조직되어 있으며 전문지도 많이 발행하고 있다. 또 구미의 일부 대학에서는 초심리학을 정식 학과로 설립해 학위를 준다.

그러나 보일러와 마찬가지로 아직도 수많은 물리학자나 심리학자들은 초심리학에 대해 비판적인 태도를 보인다. 설령 사람이 생각하는 것에 따라 ESP카드의 모양이 맞는 듯한 실험 결과가 나왔다고 해도 '사람이 생각했다는 것' 과 '카드 뒤의 모양이 맞았다는 것' 사이를 연결시켜 주는 것이 초능력이라고 판단할 증거가 없다는 주장이다.

초심리학이 과학의 한 영역으로 지위를 확고히 할 수 있는 시대는 올 것인가?

드브리스, 코렌스, 체르마크

멘델의 법칙을 재발견한 사람들

치밀하고 끈질긴 관찰과 실험으로 '멘델의 법칙'이라는 유명한 유전법칙을 알아낸 멘델. 그러나 멘델의 주장은 당시 사람들의 관심을 끌지 못했어요. 그리고 그가 죽은 지 35년 뒤, 세 명의 과학자가 거의 동시에 멘델의 유전법칙을 재발견하게 되죠. 세 명의 과학자들은 모두 자신들이 유전법칙을 발견하기 전까지 멘델의 유전법칙에 대해 알지 못했지만 그래도 유전법칙에 대한 멘델의 선취권을 인정하겠다고 해 당시 과학계의 훈훈한 미담이 되었어요. 하지만 이들 세 명의 과학자들에겐 말 못할 사연들이 있었다죠? 그 사연은 과연 무엇이었을까요?

멘델이 1865년에 발표한 유전법칙은 사람들의 주목을 받지 못한 채 세상에서 잊혀져버렸다. 그러나 1900년 봄, 멘델의 유전법칙은 네덜란드의 드 브리스, 독일의 코렌스, 오스트리아의 체르마크 등 세 사람에 의해 거의 동시에 '재발견' 되었다. 이로써 멘델은 사후 35년 만에 업적을 인정받았고 세 사람 모두도 이 분야에 대한 멘델의 선취권을 인정했다. 이 같은 사실은 과학계에서는 훈훈한 미담으로 전해지고 있지만 그 내면에는 상대에게 뒤처지지 않기 위해 고심한 세 사람의 숨은 마음이 들어 있다.

휴고 드 브리스
(1848~1935)
네덜란드 유전학자예요. 1900년에 멘델의 법칙을 최초로 재발견한 사람이에요. 종의 변이에 관한 모호한 개념을 분명히 함으로써 생물진화에 관한 다윈의 학설이 받아들여지게 했어요. 이듬해에는 진화의 원동력으로 돌연변이를 중시한 돌연변이설을 주장했어요. 큰달맞이꽃의 연구에서 돌연변이의 유전형질을 발견한 돌연변이 연구는 후에 모건의 염색체 지도로 결실을 맺는 등 현대 유전학에 많은 영향을 끼쳤답니다.

재발견자, 드 브리스

드 브리스는 유전법칙 발견에 관한 논문을 3편 집필했다. 그중 유명한 것은 〈잡종 분리의 법칙〉(불어)과 〈잡종 분리의 법칙에 대하여〉(독어)이다. 그가 원고를 완성해서 잡지에 투고한 것은 독어판이 먼저였지만 인쇄되어 처음 세상에 나온 것은 불어판이었다.

그런데 아이러니하게도 먼저 집필한 독어판에는 정확하게 멘델에 대한 언급이 있지만 나중에 집필된 불어판에는 멘델의 'ㅁ' 자도 나와 있지 않다는 점이다.

그것은 단순한 착오 때문이었다. 당시 드 브리스는 아버지의 갑작스런 사망으로 장례를 주관하면서 논문을 집필해야 했다. 독어판에는 22군데나 잘못 인쇄된 곳이 있어 슬픔에 빠진 그의 심중을 짐작할 수 있다. 그래도 이 논문에서는 멘델에 대한 소개를 잊지 않았다.

그리고 당연히 불어판에도 원고에는 멘델에 관한 기술이 있었다. 그러나 드 브리스가 논문을 프랑스 과학아카데미의 '가스통 보에니' 에게 보내고 보에니가 그것을 아카데미 정례회에서 읽을 때 멘델에 대한 단락을 요약해 버렸다. 그것을 그대로 프랑스 학사원보에 인쇄해 독어판보다 먼저 간행함으로써 일이 복잡하게 된 것이다.

제2 발견자, 코렌스

칼 에리히 코렌스
(1864~1933)
독일 유전학자예요. 멘델의 재발견에 대해서는 드 브리스보다 적극적으로 멘델의 선취권을 인정했어요. 그는 식물학 교수로 재직하면서 역시 완두 실험을 통해 멘델이 얻은 것과 동일한 결론을 얻었어요. 또 성별(남성인지 여성인지)이 멘델 유전을 한다는 사실을 밝혔어요.

코렌스는 그 당시 유전법칙을 생각하고 있었고 1899년에 이미 멘델의 논문을 읽은 상태였다. 어차피 재탕 연구이므로 느긋한 마음으로 있던 차에 1900년 4월, 드 브리스의 불어판 논문이 도착했다. 코렌스는 그 논문을 읽고 자기가 드 브리스에게 추월 당했다는 것을 알았으며 동시에 드 브리스의 논문에 멘델에 대한 기술이 빠져 있다는 것을 알았다. 그러나 드 브리스의 논문에는 멘델이 사용한 '우성', '열성' 이라는 용어가 똑같이 기술되어 있었다. 이에 따라 코렌스는 드 브리스가 멘델을 알고 있고 그 성과를 표절한 것

이 아닐까 의심했다. 코렌스 논문에는 '이전에 멘델이 썼고 무슨 우연인지 드 브리스씨가 지금 다시 쓴' 이라고 약간 비아냥을 곁들인 문장이 쓰여 있다.

그런데 이대로라면 유전법칙을 재발견한 공로는 드 브리스의 것이 되어 버린다. 그래서 그는 자기 논문에서 멘델을 소개하기로 했다. 그렇게 하면 자신을 앞지른 드 브리스에게도 멘델이 먼저였다는 것을 지적해 줄 수 있기 때문이다. 여기에는 분명 자기의 권리를 지키려는 의미도 있었을 것이다.

이렇게 해서 〈품종 간 잡종의 자손 행동에 관한 멘델의 법칙〉이라는, 제목에 멘델의 이름을 정중하게 붙인 논문을 이틀 만에 썼다.

그러나 이 논문을 독일 식물학회지에 투고하자 드 브리스의 독어판이 같은 호에 실려 있었다. 코렌스는 또다시 드 브리스에게 뒤지고 말았다.

게다가 이번 논문에는 정확히 멘델에 대해 기술되어 있는 것이 아닌가. 그는 '후기'에서 멘델에 대한 기술이 없는 것은 불어판뿐이라고 덧붙이는 해프닝을 연출하고 말았다.

제3 발견자, 체르마크

체르마크도 1899년에 유전법칙을 발견했다. 그 역시 같은 해에 멘델의 논문을 읽었는데 그 논문을 발견한 사람은 자기뿐이라고 생각했다. 그는 〈완두콩의 인공교잡에 대하여〉라는 논문을 1899년 크리스마스까지 쓰고 이듬해 1월 빈 농과대학의 강사 취직 논문으로 제출했다.

에리히 체르마크
(1871~1962)
오스트리아 유전학자예요. 완두콩을 재료로 유전에 관한 연구를 해 멘델의 법칙을 재발견한 사람이 되었어요. 농작물의 유전학에 관한 권위자로 유전법칙을 실제 농업에 응용하는 연구를 많이 했어요.

그러나 그 직후 드 브리스로부터 불어판 논문을 받고 놀라지 않을 수 없었다. 코렌스와 마찬가지로 체르마크 역시 드 브리스의 논문에 등장하는 '우성', '열성'이라는 용어가 멘델과 동일하다는 것을 의심스러워했다. 체르마크의 생각으로는 드 브리스가 멘델을 알고 있는 것이 명백했다. 이대로 수수방관하다가는 자기의 연구 성과가 물거품이 되어 버릴 것이라고 생각한 그는 대학에 이미 제출한 논문을 급히 회수하여 《오스트리아 농학연구회 잡지》에 투고했다. 그때 드 브리스의 독어판이 도착했다.

그것을 보고 정정한 원고를 다시 교정하는 와중에 이번에는 코렌스가 논문을 보내왔다. 라이벌이 두 사람으로 늘어버린 그는 황급히 여러 곳에 손을 썼다. 게재 예정호가 인쇄되기 전에 간신히 논문을 인쇄해서 그 초록을 드 브리스, 코렌스와 같은 독일 식물학회지에 투고했다.

따라서 체르마크의 발표는 세 사람 가운데 가장 늦었다. 게다가 그의 연구는 겨우 2년에 걸친 것으로 멘델의 법칙 연구로서는 충분치 못한 것이었다. 경우에 따라서는 잡종 제 2세대의 분리비 '3 대 1' 을 억지로 종자 '15 대 5' 라는 숫자로 이끌어가는 등 양적으로나 질적으로 다른 두 사람과 비교했을 때 뒤떨어졌다. 게다가 나이도 젊고 실적도 없으며 발표도 세 번째였던 체르마크는 당초 '재발견' 자에 포함하지 않았다.

재발견자들의 검은 의혹

이상이 세 사람에 대한 '재발견' 의 전말이다. 논문 발표의 순서는 드 브리스가 다른 두 사람에 비해 분명 먼저다. 그런데도 두 번째인 코렌스에게도 영예가 돌아간 것은 드 브리스보다 적극적으로 멘델을 평가했다는 점과 드 브리스가 갖추지 못했던 점(멘델을 무시하는 듯한 형태)을 최초로 지적했다는 것 등이 평가를 받았기 때문인 것 같다. 그리고 코렌스를 '재발견' 자에 포함시킬 바에는 다른 두 사람과 같은 해에 같은 내용을 발표한 체르마크도 발견자 대열에 끼워주지 않을 수 없었을 것이다.

그런데 멘델의 법칙을 재발견한 그들이지만 세 사람 다 '내 실험이 끝나기 전에는 멘델을 몰랐다.' 고 말했다. 즉, 세 사람 다 자기가 생각하여 스스로의 능력으로 유전법칙을 발견했고 멘델을 안 것은 어디까지나 우연이었다고 말했다. 그렇지만 그것을 인정할 때 몇 가지 기묘한 사실이 발목을 잡는 것은 어찌된 일일까.

드 브리스에 대한 의혹

드 브리스에 따르면 실험을 거의 끝낸 시점(1896년)에 멘델의 논문을 알았다고 한다. 그런데 1897년 논문에서는 잡종 제 2세대에서의 '99 대 54' 라는 개체의 비를 '2 대 1' 로 하고, '482 대 135' 라는 데이터를 '4 대 1' 로 해보기도 한다. 이것은 전부 멘델의 법칙에 따르면 '3 대 1' 이 되어야 한다. 아마도 개체 수가 적었기 때문에 생긴 오차로 확실하게 3대 1이 되지 않았던 것이겠지만 그것에 대한 아무런 설명도 없다. 멘델의 논문을 봤다는 그가 마치 3 대 1의 비율을 모르는 것 같다.

그러나 1900년의 세 번째 논문에서는 똑같은 데이터에 대해 '모두 3 대 1에 가깝다.' 라고 기술하고 있다. 또한 1899년 12월의 논문에서는 '잡종 제 2세대가 아니라 제 1세대가 3 대 1이 된다.' 라고 전혀 맞지 않는 말을 기술하기도 했다. 이러한 것들은 그가 1899년 12월까지는 '분리의 원칙' 을 잘 이해하지 못했다는 것을 나타낸다.

코렌스에 대한 의혹

코렌스는 포케라는 학자가 저술한 《잡종식물 – 성장에의 기여》라는 책을 참고로 실험을 하면서 그 속에 있는 멘델에 관한 기술에는 전혀 관심을 기울이지 않았다고 한다. 그는 자기의 실험 데이터가 너무나도 규칙적이라는 사실에 본인도 처음에는 의아하게 생각했다고 한다. 왜일까 하는 의문을 품고 있던 1899년 10월 어느 날 침대 속에서 정확한 이론이 섬광처럼 번뜩였다고 한다. 그가 멘델을 읽은 것은 그 일바 후의 일이라고 했다. 같은 해에 발표된 '옥수수의 크세니아 연구'에 멘델의 이름이 확실히 기록되어 있는 것을 보면 그의 주장은 설득력이 있다.

그러나 대단히 극적인 이야기인데 갑작스런 '번뜩임'으로 해답을 깨달은 직후에 멘델을 알았고, 논문은 그 이후 썼다는 것은 좀 수긍하기 어려운 이야기다. 물론 전후의 이야기가 맞으므로 어쩌면 비열한 자의 억측에 지나지 않을지 모른다. 그러나 그렇다고 해도 다분히 부자연스런 경위라는 느낌을 지울 수 없다.

체르마크에 대한 의혹

체르마크에게도 의심스런 점이 있다. 체르마크의 회고록에 의하면

자기의 실험을 거의 끝낸 1899년 말에 멘델의 논문을 읽고 놀랐다고 한다. 그러나 같은 회고록 안에서 그는 1898년 드 브리스를 방문했을 때 이미 '드 브리스는 멘델의 분리 법칙을 추시(追試)하는 실험을 하고 있었다.' 고 기술하고 있다. 그렇다면 체르마크 자신도 그때 이미 멘델을 알고 있었던 것이다.

또한 그의 논문은 되돌림 교배(검정교배)에 대한 설명이 애매하고, 분리비가 3 대 1이 되는 명확한 설명도 없어 전체적으로 소화가 덜 된 듯한 느낌이 있다. 15 대 5에서 억지로 3 대 1을 이끌어내는 점에도 의문이 남는다. 멘델을 읽고 그것을 잘 이해하지 못한 채, 실험 데이터를 무리하게 기대치에 맞춰서 집필한 듯한 논문이다.

진실은 과연 무엇일까?

세 사람은 이구동성으로 자기 혼자 힘으로 유전이론을 깨달았고 멘델을 읽은 것은 그 후의 일이라고 말하고 있다. 그러나 그렇다고 하기에는 위에서 기술한 것처럼 몇 가지 의심스런 점이 보인다. 상상을 과감히 넓힌다면 그들은 남몰래 컨닝을 했다고 생각할 수 있다.

당시는 감수분열이나 염색체에 관한 정확한 지식이 없었다. 따라서 어떤 현상의 해석으로부터 유전법칙에 도달하는 일은 그야말로 오랫동안 연구해야 할 일이었을 것이다. 몇몇 상황 증거가 나타내듯이 그들은 어쩌면 정확한 해석을 하기 위해 멘델의 도움을 빌린 것은 아닐까. 이렇게 보면 유전법칙의 재발견이라는 유전학 사상 가장 유명하고도 아름다운 미담도 우리가 알고 있는 것이 전부는 아닌 듯싶다.

톰슨, 나가오카, 러더퍼드

원자의 비밀을 밝힌 사람들

원자의 내부는 어떻게 생겼을까. 톰슨, 나가오카, 러더퍼드, 보어 등 많은 학자들이 원자내부구조를 밝히기 위해 노력했어요. 그들은 각각 어떤 주장들을 폈을까요? 또 어떤 근거들을 갖고 이야기를 했을까요? 여러분도 궁금하지 않으세요? 원자가 갖고 있는 비밀들 말이에요.

톰슨과 나가오카의 원자모델

조셉 존 톰슨

(1856~1940)

영국 물리학자예요. 원자보다 작은 입자인 전자를 발견하여 원자구조에 대한 지식을 폭넓게 변화시킨 인물이에요. 전자의 발견으로 많은 물리적 현상들이 명확하고 정확하게 설명되었어요. 그의 연구 조수로 함께 활동한 인물 중 7명이 노벨상을 받기도 했어요. 톰슨은 1906년 노벨 물리학상을 수상했어요.

나가오카 한타로

(1865~1950)

일본 물리학자예요. 1903년 토성형 원자모델을 제시해 각국의 주목을 받았어요.

1897년 **톰슨**이 전자를 발견한 뒤 원자의 내부구조는 어떤 것일까 하는 것이 물리학자들에게는 중요한 과제가 되었다.

톰슨은 1904년에 원자의 내부구조에 대해 원자 속에 마이너스 전하를 가진 전자와 플러스 전하를 가진 부분이 공존하고 있는 모델을 제안했다. 그의 모델에서 전자는 원자의 내부 원주에 같은 간격으로 늘어서 있고, 같은 속도로 원주를 돌고 있다.

같은 시기에 일본의 물리학자 **나가오카**는 토성의 띠가 위성의 집합이라는 것에서 힌트를 얻어 소위 '토성형 원자모형' 을 발표했다. 그는 톰슨이 생각한 전자가 원자의 내부를 도는 모델과는 반대로 토성과 같은 중심핵이 플러스 전하를 가지고, 마이너스 전하를 띤 다수(수만에서 수십만 개)의 전자가 핵 주위를 돌고 있다고 생각했다.

고전물리학에서는 소수의 전자로는 원자가 안정적으로 돌 수 없으므로 톰슨이나 나가오카나 전자가 안정적으로 존재하기 위해서는 전자의 수가 많아야 한다는 것이 필요조건이라고 생각했다.

이 내용은 이듬해 《필로소피컬 매거진》에 게재되었다. 그러자 나가오카의 모델에서는 전자가 안정적으로 존재할 수 없다는 지적이 나왔고 논쟁이 일어났다. 1906년에 원자 내부에 있는 전자의 수는 원자량과 같은 정도(~100개)라는 것을 톰슨이 밝혔고, 또 나가오카가 생각했던 것과 같은 전자운동으로는 실험 사실을 설명할 수 없다는 것이 이론적으로 밝혀졌다.

어네스트 러더퍼드
(1871~1937)
영국 물리학자예요. 원자핵을 발견하여 원자는 더 이상 나눌 수 없는 물질의 최소 단위가 아니라는 사실을 증명했어요. 1902년 우라늄의 방사능을 조사, 두 종류의 방사선을 α(알파)선, β(베타)선이라고 이름 지었어요. 1908년 노벨 화학상을 받았어요.

원자모델의 발전과 노벨상

원자는 어떤 구조로 생겼을까에 대한 논쟁은 **러더퍼드**에 의해 새로운 국면으로 접어들었다. 그는 실험 결과를 "원자의 중심에는 전하가 집중된 극히 작은 핵이 있고 그 주위

를 전자가 돌고 있다."는 결론에 도달, 새로운 모델을 제안했다.

러더퍼드가 이 모델을 고안했을 때 그는 나가오카 모델의 존재를 몰랐던 것 같다. 그러나 연구 성과를 논문으로 정리하던 중 동료에게서 나가오카의 논문을 소개받았고 그 논문 속에서 선행 연구로 나가오카 모델을 언급했다. 나가오카는 전자의 안정성을 확보하기 위해 원자모델에 다수의 전자 존재를 가정했는데 러더퍼드는 안정성의 논의를 유보한 채 전자의 수가 적은 모델을 만들었던 것이다.

닐스 보어
(1885~1962)
덴마크 물리학자예요. 원자구조와 분자구조에 양자론을 최초로 적용한 인물이에요. 1913년 양자론을 발표했고 1922년 노벨 물리학상을 받았어요.

러더퍼드의 원자모형은 **보어**가 양자론이라는 새로운 개념을 도입함으로써 설명되었다. 보어는 그 공적을 인정받아 노벨 물리학상을 수상했다. 그러나 그 수상 취지서에는 톰슨, 러더퍼드, 보어의 공적만을 언급하고 나가오카 모델에 대한 언급은 전혀 하지 않았다.

그렇다면 나가오카의 토성형 원자모형에 대한 연구는 왜 언급되지 못한 것일까. 물론 나가오카의 원자모델은 오늘날의 지식으로 보면 잘못된 것이다. 그러나 남들이 생각지 못했던 것을 고안해 낸 '독창성'이라는 의미에서는 평가

받을 만한 것인데도 말이다.

당시 물리학계는 서양학자들을 중심으로 구성되어 있었으므로 동양 학자들의 위상은 상대적으로 낮을 수밖에 없었다. 나가오카는 유학 중에 한 선배에게 다음과 같은 편지를 보냈는데 그 편지를 보면 당시 동양인으로서 느껴야 했던 좌절과 아픔이 그대로 실려 있다.

유카와 히데키
(1907~1981)
일본 물리학자예요. 소립자 이론에 관한 연구로 1949년 일본 최초의 노벨상 수상자가 되었어요.

'백인이 모든 면에서 우월한 것이 아니므로 선배의 말대로 10년 내지 20년 후에는 그들을 이길 수 있기를 바란다. 내가 죽어서 지옥에 가서라도 내 자손들이 백인을 상대로 승리를 거두는 것을 망원경으로 지켜보

는 것도 재미있지 않을까!'

나가오카는 도쿄 제국 대학을 정년퇴직한 후 오사카 제국 대학의 초대 총장에 임명되어 주위의 반대를 물리치고 당시로서는 아무런 업적도 없었던 **히데키**를 강사로 발탁했다. 유카와는 나가오카의 영향을 많이 받아 원자핵 내부에 대한 연구를 했다.

제 2차 세계대전 후, 유카와는 소립자 이론에 관한 연구로 일본인으로서는 최초로 노벨상을 수상했다. 수상 소식을 들은 나가오카는 그의 수상 소식에 매우 기뻐했다고 한다.

에디슨

그를 둘러싼 두 가지 잘못된 이야기

축음기, 전등, 활동사진, 축전지 등 우리 생활에 밀접한 천 가지 이상의 발명과 특허를 내어 '과학의 마술사', '발명계의 나폴레옹'이라는 별명을 얻은 세계적인 발명왕 에디슨. 에디슨과 관련된 이야기 한번 들어 보실래요?

에디슨의 귀가 멀게 된 까닭

토마스 알버 에디슨
(1847~1931)
미국 발명가이자 사업가예요. 어렸을 때는 청각장애로 학교에서 저능아, 문제아로 낙인 찍혀 중도에 퇴학당했어요. 상상력이 풍부하고 호기심이 많았던 에디슨은 특히 과학에 관심이 많았어요. 전신에 대한 기술을 익히면서 과학 연구에 본격적으로 뛰어들게 되었어요. 21세 때 처음으로 투표기록기로 특허를 받으면서 사업가로서의 재능을 키우게 되었어요. 그의 끝없는 실험과 연구는 결국 청각장애를 극복하고 전구, 발전시스템, 에디슨 축전지, 축음기, 영사기 등 평생 1,300여 가지를 발명하고 특허를 받았다고 해요.

발명왕 **에디슨**은 귀가 먹은 것으로 유명하다. 에디슨이 귀가 멀게 된 것은 소년시절 기차 안에서 신문판매를 했을 때 일어난 사고 때문이라고 한다. 에디슨은 신문을 팔면서 화물차의 한 귀퉁이를 창고 겸 연구실(연구실이라고 해도 간단한 실험이 가능한 정도)로 사용했다. 어느 날, 연구실에서 실험을 하던 중 화학약품을 잘못 섞어 폭발하는 사고가 일어났다. 이 사고로 차장에게 호되게 야단을 맞은 에디슨은 다음 정차역에서 내쫓기고 말았다. 이때 차장이 따귀를 때리면서 바닥에 내동이쳐 귀를 심하게 다쳤다고 한다. 에디슨 스스로도 귀가 잘 들리지 않게 된 것은 이때 차장에게 맞았기 때문이라고 말했다. 여러분이 읽은 에디슨의 전기에도 이와 비슷한 이야기가 쓰여져 있을 것이다.

그러나 사실은 상당히 다르다. 에디슨은 선천적으로 반고리관에 장애가 있었다. 또 유년 시절, 에디슨은 몸이 약해서 여러 번 심한 감기에 걸려 만성적인 기관지염을 앓았다. 이때 귀에도 나쁜 영향이 미쳐서 점차 귀가 들리지 않게 되었다는 것이 맞는 얘기인 것 같다.

그러면 에디슨은 왜 거짓말을 했을까? 그 진실을 알 길은 없지만 에

디슨의 귀가 잘 들리지 않았던 것은 의심할 여지가 없고 우리들의 흥미를 끄는 것은 그가 그것을 어떻게 극복했는가 하는 점이다.

난청 덕분에 얻은 발명의 집중력

유년기 시절 에디슨은 병약한 체질이었을 뿐 아니라 학교에서는 수업 중에 졸거나 노트에 낙서를 즐겨하는 문제아였다. 선생님에게는 지능이 낮다는 이야기까지 들었다. 이는 만성적인 질병과 잘 들리지 않는 귀로 인한 주의력 산만이 원인인 것으로 보고 있다. 그러나 공상에 빠지는 일이 잦

았던 에디슨은 나중에 초인적인 집중력을 발휘해 수많은 발명을 했다.

실제로 에디슨은 귀가 잘 들리지 않는다는 사실에 별로 신경 쓰지 않았다. 신문판매를 그만두고 전신기술자가 된 후에는 오히려 주위의 잡음이 들리지 않는다는 것이 유리하다고 생각했다. 인파 속을 걸을 때도 에디슨에게는 청각이 정상인 사람이 시골 길을 걸을 때와 같은 정적 그 자체였다. 덕분에 에디슨은 주위 환경에 영향을 받지 않고 발명에 집중할 수 있었다.

발명으로 유명해진 뒤에는 수많은 청각장애자들로부터 보청기를 발명해 달라는 요청을 받게 되었다. 에디슨과 같은 발명가라면 무엇보다 먼저 보청기를 발명한다 해도 이상하지 않을 것이다. 그러나 에디슨은 그들의 요청에 대해 표면상으로는 현재 고안 중이라고 대답하면서도 실제로는 만들려고 하지 않았다. 에디슨에게 있어 귀가 잘 들리지 않은 것은 발명에 필요한 집중력의 근원이 되었다.

어떻게 음악을 들었을까?

그러면 에디슨의 최대 발명 가운데 하나인 축음기를 만들 때 어떻게 해서 소리를 확인했을까?

그 전에 에디슨의 음악에 대한 집착을 조금 살펴보자. 그는 '헤르만 폰 헬름홀츠' 라는 과학자의 영향을 받아 명료한 음색이야말로 아름다운 음악을 만드는 기본이라고 믿었다. 그리고 스스로를 음악평론가로 자칭했

을 정도다.

1911년 어느 날 에디슨은 어느 유명 음악가가 녹음한 레코드에 대해 '형편없는 소리다.' 라고 평하고 자신이 고용한 바이올린 연주가에게 같은 곡을 연주해 보도록 했다. 그런 다음 자기 마음에 들지 않는 부분을 교정해 주었다. 에디슨의 음악관에서 보면 연주가의 기법이나 독자적인 표현은 불필요한 것에 지나지 않았다. 이 바이올린 연주가는 자기의 연주를 '최악의 연주였다.' 고 회상했지만 에디슨은 그것을 격찬했다.

에디슨은 복잡한 음악을 싫어했다. 이것은 귀가 잘 들리지 않았기 때문에 미묘한 음색을 들을 수 없었다는 점과 무관하지 않다.

에디슨은 음악을 확실하게 듣기 위해 이(齒)를 이용하여 소리가 두 개골이나 턱뼈에 울리게 했다. 예를 들어 피아노가 라이브로 연주되고 있을 때에는 피아노에 이를 대고 들었다. 전화를 발명할 때도 음향기기를 테스트할 때는 치아를 사용해 그 특성을 조사했다.

에디슨은 애용하는 축음기의 볼륨을 최대로 높이고 그 축음기 바로 옆에 앉아 스피커에 얼굴을 가까이 한 다음, 오른손을 귀에 대고 그 손으로 소리를 줍듯이 들었다. 이 때문에 축음기에는 언제나 에디슨의 잇자국이나 있었다고 한다.

명언의 진실

헐버트 클락 후버
(1874~1964)
미국 31대 대통령이에요. 대공황기에 정권을 맡아 경제부흥을 채 이루지도 못하고 뉴딜정책을 앞세운 루스벨트에게 패해 연임에 실패했어요.

세계 명언집에 반드시 나오는 에디슨의 '천재란 1퍼센트의 영감과 99퍼센트의 노력으로 탄생한다.' 라는 말은 '천재는 타고나는 것이 아니라 99퍼센트의 노력으로 이루어지는 것이다.' 라는 의미로 받아들여지고 있다. 그러나 그것은 에디슨의 말 그대로 해석한 것이 아니다.

에디슨의 일기를 살펴보면 이 명언은 1929년 2월 11일 그의 82세 생일, **후버** 차기 대통령과 동석한 기자회견장에서 한 말이다. 이때 모인 기자단은 에디슨에게 그의 생일과는 전혀 관계없이 후버 신 정권의 경제, 군사정책에 관해 어떻게 생각하는지에 대한 질문들을 퍼부었다. 옆에 앉아 있는 차기 대통령의 이야기를 끌어내기 위함이었다.

경사스러운 생일, 분위기에 맞지 않는 어려운 질문 때문에 에디슨과 후버는 모두 화가 나 있었다. 그래서 에디슨은 대부분의 질문을 무시했고 대답을 해야 할 것도 퉁명스런 얼굴로 '예' 혹은 '아니오' 라고만 말했다.

마지막에 에디슨의 불편한 심기를 눈치 챈 한 기자가 "지금까지 한 발명 가운데 가장 멋진 영감의 결과는 어느 것입니까?"라는 질문을 했다. 그때까지 기분이 나빠 있던 에디슨은 기자들을 향해 강하게 말했다.

"그것은 아기의 두뇌 속에서 천재성을 발견했던 일입니다. 갓 태어난 두뇌만큼 천재성이 살기 좋은 장소는 없지요. 그러니까 나이가 어릴수록 자기의 뇌에 살고 있는 천재성의 목소리에 솔직하게 귀를 기울일 수 있습니다. 어른이 된 후에 자신의 천재성에 귀를 기울인다는 것은 어려운 일이지만 그래도 1퍼센트의 영감과 99퍼센트의 노력이 있으면 불가능하지는 않습니다."

그것이 이 유명한 명언의 진짜 의미다. 유감스럽게도 그 장소에 있던 신문기자들은 에디슨의 말뜻을 제대로 이해하지 못하고 '영감만으로는 천재가 될 수 없고 노력이 중요하다.' 라고 멋대로 해석하여 기사화 했다.

그래서 에디슨은 나중에 "1퍼센트라도 영감이 떠올라야 노력도 결실을 맺을 것이다. 그것이 없다면 아무리 노력을 해도 소용없는 일. 이 발상의 원점인 천재성, 즉 1퍼센트의 영감이 중요한데 모두 이 사실을 모르는 것 같다."고 말했다.

아리스토텔레스와 다윈

생물학의 두 거장

생명의 비밀을 풀고자하는 인간들의 노력은 끝이 없이 이어집니다. 고대 아리스토텔레스에서 진화론의 다윈까지, 한 생명이 태어나고 살아가고 발전해 가는 목적과 방법, 이유 등을 풀기 위한 이들의 노력은 계속됩니다.

다윈이 가장 존경하는 인물

진화론으로 유명한 다윈은 가장 존경하는 인물로 **아리스토텔레스**를 꼽았다. 고대 그리스의 유명한 철학자 아리스토텔레스가 왜 여기서 등장하는 것일까? 사실 그는 고대에서 중세에 걸친 최고의 생물학자라고 할 수 있다. 사실 현재 남아 있는 그의 저작물 중에는 그 어떤 것보다 동물학 논문이 양적으로나 질적으로 가장 큰 비중을 차지한다.

아리스토텔레스
(기원전 384~기원전 322)
고대 그리스의 대표적인 철학자로 플라톤의 제자예요. 알렉산더 대왕의 가정교사이기도 했어요. 아테네에 학원 리케이온을 설립, 철학을 비롯해 물리학, 화학, 생물, 동물학, 정치학, 논리학, 역사 등 여러 학문의 체계를 구축했어요.

그러면 아리스토텔레스가 철학자라는 것은 잘못된 것일까? 실은 철학이라는 학문은 시대에 따라 다르다. 원래 철학 philosophy는 '지(知)를 사랑한다.'는 의미이므로 현대의 모든 학문 분야를 포함하는 것이다.

예를 들어, 철학자인 피타고라스나 아르키메데스는 수학과 물리학도 연구했다. 아리스토텔레스는 논리학이나 윤리학 같은 철학 분야 외에 정치학, 물리학, 생물학도 연구했다. 즉 고대의 철학자는 모든 학문에 전지전능한 능력을 갖춘 사람들이었다. 물론 모든 학문 분야를 한 사람의 철학자가 연구하기는 불가능하다. 그러므로 철학자에 따라 당연히 잘하는 분야와 잘 못하는 분야가 있었다. 아리스토텔레스는 여러 학문을 연구했으나 그 중에서도 동물학 연구에 정열을 쏟았다.

돌고래는 포유류다

아리스토텔레스는 갖가지 동물 관찰 기록과 해석을 남겼다. 그는 약 520종류의 동물을 조사하고 약 50종류의 동물을 해부해 보았다. 그리고 그 동물들을 오늘날과 아주 가까운 형태로 분류했다.

예를 들면 고래나 돌고래를 어류로 넣지 않고 포유류에 가까운 것이라고 한 것은 그의 관찰이 매우 정확했다는 것을 말해 준다. 분류에 있어서는 몸의 구조, 습성, 환경과의 관계, 이동 방법, 번식 방법 등 여러 가지 성질을 다루었다. 가령 고래는 폐로 호흡하고, 온혈(온혈동물은 바깥 공기의 변화에 관계없이 체온이 항상 일정한 동물이에요. 정온동물이라고도 해요. 바깥 공기가 차가워지면 체온도 내려가는 동물은 냉혈동물이라고 해요. 변온동물이라고도 한답니다.)이고, 태생(태생은 새끼를 낳는 동물을 뜻해요.)이라는 것을 관찰했다.

그러나 그런 한편 그는 '바싹 마른 진흙 속에서 뱀장어가 태어난다.' 고 하는 생물의 자연발생을 크게 믿고 있었다. 그것은 당시의 모든 사람들이 믿고 있던 일반 상식이었다.

그는 이 자연발생을 생기(영혼)로 설명했다. 즉 무생물에 영혼이 들어가면 생물이 되는 것이라는 해석을 한 것이다. 이를 '생기론' 이라고 한다.

2000년의 수수께끼

동물은 움직이는 것이기 때문에 이 '움직인다' 는 '목적' 을 위해 다리나 지느러미 등 움직이기 위한 기관이 주어진 것이라고 아리스토텔레스는 생각했다. 자연에 관한 그의 관찰력은 이런 '목적론' 으로 일관되어 있었다. 생물의 세계는 그야말로 목적으로 가득한 세계이므로 아리스토텔레스의 입장을 받아들이기는 무엇보다 쉬울 것이다.

목적론은 생물현상에 있어 누구나 납득할 수 있는 이론이다. 그러나 그 목적이란 어떤 것일까?

아리스토텔레스는 그것을 '생기(영혼)' 라고 생각했다. 달걀은 부화하여 병아리가 된다. 알이나 병아리는 완전하지 않다. 이들은 닭이라는 목

적을 향해 성장한다. 그것은 닭의 혼이 그 안에 있기 때문이다. 또 완성된 닭의 목적은 자손을 남기는 것이다. 그러면 다시 알로 돌아가게 되는데 닭은 닭이다. 닭의 영혼은 변하지 않기 때문이다.

즉, 아리스토텔레스의 목적론은 생기론과 연결된 견해이다. 그러나 목적이 있으려면 그 목적을 설정한 누군가가 존재해야 한다. 그것이 누구인가?

그렇게 파고 들어가면 초자연적인 무엇, 이를테면 신에 도달하게 되어버린다. 거기에 목적론의 한계가 있다. 이 목적론의 수수께끼는 2000년이라는 긴 세월 동안 풀리지 않고 남아 있다.

아리스토텔레스의 진짜 후계자

그리스 시대가 끝나고 로마 시대가 되자 학문은 더 실용적인 것이 존중되었다. 여기서 실용적인 학문이란 의학이나 농업, 토목 등 소위 기술과 공학이라 불리는 분야이다. 순수한 그러나 당장에는 도움이 되지 않는 과학은 외면 당했다. 한때 아리스토텔레스는 유럽에서 완전히 잊혀져 버렸다.

13세기 무렵 아리스토텔레스는 다시 부활하여 당시의 자연관을 지배했다. 당시의 학문이란 아리스토텔레스를 읽는 것이었다. 그러나 르네상스를 거쳐 17세기 초 갈릴레이의 그 유명한 낙하실험(물론 잘못 알려진 것이지만)이 아리스토텔레스 물리법칙의 잘못을 지적하며 과학 혁명을 불러일으켰다.

목적론의 극복은 다윈에 의해 이루어졌다. 생물은 왜 '살아있다' 는 목적에 잘 맞도록 만들어져 있는가? 그것은 자연환경이 그런 생물을 선택하고 목적에 맞지 않는 생물을 없애기 때문이다.

이 '자연선택설' 은 생물이 어째서 목적에 잘 맞도록 만들어져 있는가를 기계론적으로 설명한 것이다. 이로써 생물학은 목적론과 생기론이라는 속박에서 벗어나 이윽고 청년기를 맞게 됐다.

많은 관찰에서 결론을 이끌어내는 방법에 있어서 보면 아리스토텔레스의 진짜 후계자는 다윈이라고 할 수 있다. 다윈도 역시 소년의 마음을 가지고 있었다. 조상 대대로 내려오는 직업인 의사를 싫어했으며 일정한 직업에 종사하지 못하고 자연의 연구에 빠져지낸 일생을 보낸 것을 보면 알 수 있다.

이런 소년의 마음을 가진 우수한 과학자는 세상에 얽매이지 않고 이 세상에 태어나 이 세상의 수수께끼를 풀어주고 사라져가는 존재인지도 모른다.

튜링

인 공 지 능 예 언 자 의 불 행

컴퓨터도 인터넷도 없던 시대에 이미 컴퓨터에 대한 무한한 가능성과 인공지능에 대한 예언을 할 정도로 앞서나갔던 과학자 튜링. 그러나 튜링은 동성애를 치료하는 강압적인 프로그램을 견디지 못하고 독사과를 먹고 자살했지요.

금세기 최고의 지성

미국의 시사 잡지 《타임》은 1999년 3월 29일호에 '금세기 최고의 위대한 지성들'이라는 제목의 기사를 실었다. 그들은 이 기사에서 인류 역사 발전에 공이 큰 사람들을 독자적으로 선발해 소개했다. 프로이트와 라이트 형제, 아인슈타인 등 우리에게 익숙한 역사적인 유명인들을 대거 소개했는데 그 중에는 특이하게도 수리논리학자 **튜링**의 이름이 있었다. 어둡기만 했던 전쟁의 시대에 빛나는 업적을 남긴 후, 41세에 자살한 이 과학사는 대체 어떤 생애를 살았을까?

앨런 튜링
(1912~1954)
영국 수리논리학자예요. 2차 세계대전 때는 암호해독에 종사하며 천재적인 수학능력을 발휘했어요. 컴퓨터 이론을 개척하면서 논리적 분석에 크게 기여했어요. 당시 세계에서 가장 큰 기억용량을 가진 자동 디지털 기계(MADAM)을 만들었어요. 청산가리를 바른 사과를 먹고 자살한 것으로 알려져 있어요.

튜링은 1912년 관료의 아들로 런던에서 태어났다. 다른 많은 과학자들과 마찬가지로 어릴 때부터 과학에 강한 흥미를 보였다. 어린 시절 튜링의 학교 성적은 좋지 않았다. 왜냐하면 자기가 싫어하는 과목은 전혀 공부하지 않았기 때문이다. 그러나 친한 친구인 크리스토퍼의 죽음은 튜링의 인생을 뒤흔들었다. 그는 친구의 죽음을 계기로 열심히 공부해 캠브리지 대학 킹스 칼리지에 멋지게 합격했다. 튜링은 그후 미국으로 건너가 프린스턴 대학에서 박사 학위를 취득했다. 그리고 영국으로 귀국한 후 수많은 업적을 쌓아 과학사에 위대한 족적을 남겼다.

튜링 머신과 튜링 테스트

튜링이라는 사람은 몰라도 튜링 머신이나 튜링 테스트라는 말은 들어본 적이 있을 것이다. 튜링 머신이라는 것은 그가 제안한 상상 속의 계산기 모델로 실제 기계가 있었던 것은 아니다. 알고리즘(절차)이라는 개념을 수학적으로 설명하기 위해 튜링이 고안한 가상의 계산기다.

1950년 튜링 머신의 응용문제로 튜링은 컴퓨터가 인간과 비슷한 지능을 갖는지를 알아내기 위한 일종의 게임을 제안했다. 이것이 튜링 테스트이다. 튜링에 따르면 만약 미래의 누군가가 만든 컴퓨터가 이 테스트를 통과한다면 지능을 가진 컴퓨터를 완성할 것이라고 믿었다. 그리고 또 "앞으로 50년쯤 지나면 이 테스트를 통과하는 기계가 나올 것이다."라고 예언했다.

2000년은 튜링이 이 테스트를 논문으로 소개한 지 50년이 되는 해인데 튜링의 예언은 맞지 않았다. 그러나 컴퓨터도 인터넷도 없는 시대에 컴퓨터의 가능성을 발견하고 그것을 지성과 비교하여 독자적인 테스트를 고안한 그의 발상력은 경이적이라 해도 좋을 것이다.

튜링의 고뇌와 죽음

그런데 이렇게 앞서가는 연구를 하던 튜링은 왜 스스로 목숨을 끊어야만 했을까? 사실 튜링의 갑작스런 죽음의 원인은 킹스 칼리지 시대부터 시작되었다. 즉 그의 동성애가 크게 관련되어 있었다 .

1952년 튜링의 애인이었던 남자가 그의 아파트에 쳐들어온 사건이 일어났다. 경찰에 신고한 튜링은 그때 자기가 동성애자라는 것을 솔직히 이야기하고 사정을 설명했다고 한다. 그러나 경찰은 남자의 불법침입에 대한 것보다 오히려 튜링의 동성애 쪽에 관심을 가졌다. 왜냐 하면, 당시 영국에서는 동성애가 범죄시되고 있었기 때문이다. 지금으로서는 상상할 수 없는 일이지만 동성애를 위험한 병이라고 여기던 때였다.

그에 대해 튜링은 평소에도 동성애에 대해 특별히 감추려고 하지 않았고 또 동성애가 잘못된 일이라고 전혀 생각하지 않았다. 튜링은 연구를

위해 형무소 가기를 거부하였고 결과적으로 호르몬 주사에 의한 약물치료를 받게 되었다.

그후, 주위 사람들의 도움으로 튜링은 약물치료의 충격에서 벗어난 듯이 보였지만 1954년 그는 돌연 자살을 감행했다. 방을 청소하러 온 청소부가 그를 발견했다. 청산가리가 묻은 먹다 만 사과가 침대 옆에 굴러떨어져 있었다고 한다. 튜링의 어머니는 "이건 자살이 아니다. 아들은 분명 어떤 실험을 하고 있었던 것이고, 잘못해서 청산가리가 묻은 손가락을 핥았을 것이다."라고 말했다. 그러나 그것은 너무나 부자연스러운 일이었다. 동성애자인 그에 대한 주위의 압박이 그를 죽음으로 몰아간 것으로 추정된다. 이렇게 해서 수많은 업적을 남긴 천재과학자의 짧은 생애는 허무하게 끝나고 말았다.

튜링의 연구 성과는 그의 사후에도 계속 주목받았다. 튜링의 이름은 우수한 컴퓨터 과학자들이 받는 '튜링상'에 남아 있다. 이 상은 소프트웨어 분야의 노벨상으로 불린다.

진리탐구의 기회

니시사와는 반도체를 사용한 증폭장치(트랜지스터)의 연구, 광통신의 기본 3요소(발광, 수광, 전송)의 연구 등으로 잘 알려져 있다.

니시사와는 아버지가 화학 연구자였기 때문에 그 영향을 받아 이과계 학문에 관심을 가지게 되었다. 그러나 화학은 잘 못하였기 때문에 자연과학부로 진학할 생각이었다. 그러나 아버지가 '성적도 별로 좋지 않는 녀석이 자연과학부에 가서 뭘 어떻게 하겠느냐. 전기공학과라면 괜찮을 것 같다.' 며 그의 학과까지 지정해 주었다. 니시사와는 그 말씀대로 도호쿠제국대학 전기공학과에 입학했다.

그러나 제2차 세계대전에 참전한 일본의 패색이 점점 짙어져 대학은 학문을 할 수 있는 상황이 아니었다. 휴강이 계속되었고 참고서는 배급제로 지급되었다. 에너지 부족, 식량부족 사태도 갈수록 심각해졌다. 이런 상황이 계속되자 니시시와는 앞으로의 일본엔 과학기술이 꼭 필요하다는 확신을 갖고 자연과학 연구자로 살아가리라 결심했다.

졸업 후, 은사로부터 트랜지스터 연구에 대한 문제를 부여받은 것이 인생의 큰 전기가 되었다. 이때부터 오늘날까지 이어지는 일련의 반도체 연구가 시작된 것이다. 니시사와의 연구 분야는 실용적인 목적을 명확하게 가진 반도체 장치 개발로 알려져 있는데, 그것의 기초로서 양질의 반도체를 만들기 위한 재료학적인 연구가 수없이 이루어졌다. 이는 공학적이라고 하기보다는 자연과학적인 성격을 띠었는데 이 연구들을 돌아보며 니시사와는 '이 연구가 인류를 위해 필요하다고 생각하기 때문에 매달린다. 그러다 보면 반드시 기초적인 문제에 직면하게 되고 이를 스스로 해결해야만 한다. 어째서 어디를 캐도 이렇게 기초적으로 중요하며 흥미로운 결과가 나오는 것일까를 생각한다. 결과적으로 처음부터 자연과학부에 가서 기초연구의 연구자가 되는 것보다 훨씬 많은 진리탐구의 기회를 얻은 셈이다.' 라고 말했다.

니시사와는 처음에는 순수하게 기초과학분야를 공부하고 싶은 생각뿐이었다. 그러나 청년기에 전쟁과 패전, 나라의 재건이라는 혹독한 운명에 직면했다. 이때 산 사람을 위해서 최선을 다하고 싶다는 의지가 니시사와에게 많은 진리탐구의 기회를 주게 된 것이다.

집필자를 소개합니다

책임 집필자

사마키 다케오(左巻 健男) / 1949년 생

집필항목

패러데이, 전기분해의 법칙을 발견한 제본공 / 하버, 애국심으로 독가스를 개발했지만 /

노벨, 다이너마이트 발명자의 숨겨진 신념 / 돌턴, 색맹이라는 장애를 딛고 이룬 꿈 /

집필자

아베 데츠야(阿部 哲也) / 1960년 생.

집필항목

모건, 유전자의 비밀을 밝힌 파리방의 주인 /

드 브리스, 코렌스, 체르마크, 멘델의 법칙을 재발견한 사람들/

사쿠고로, 놀라운 발견을 이룬 집념의 과학자

아리모토 쥰이치(有本 淳一) / 1971년 생

집필항목

코페르니쿠스, 지동설의 진짜 주인공은 누구인가 / 히파르코스에서 러셀까지, 별의 비밀을 푼 과학자들 /

베게너, 지구의 대륙이 움직인다

이나가키 가츠히코(稲垣 克彦) / 1969년 생

집필항목

오네스, 헬륨 액화에 성공한 의지의 과학자 / 드루데, 자유전자를 생각해 낸 기발한 발상 /

톰슨, 나가오카, 러더퍼드, 원자의 비밀을 밝힌 사람들

시로타 다다히코(城田 直彦) / 1962년 생

집필항목

브라헤, 최고의 관측가가 지동설의 증거를 찾지 못한 이유 /

나가사와 유진(永澤 雄仁) / 1975년 생

집필항목

로웰, 화성을 사랑한 천문학자의 실수 / 파스칼, 세계 최초로 계산기를 만들어낸 천재 /
뉴턴과 라이프니츠, 미적분의 주인공은 과연 누구인가 / 과학 아닌 과학, 심령학에 매료된 과학자들 /
튜링, 인공지능 예언자의 불행

호소노 하루히로(細野 春宏) / 1956년 생

집필항목

파스퇴르에서 밀러까지, 생명의 기원을 밝히려는 과학자들 / 볼프, 너무 앞선 학설 때문에 외면 받은 생물학자 /
슐라이덴, 세포설이라는 위대한 발견 뒤에 숨겨진 실수 / 데카르트, 인형에 얽힌 괴소문의 진짜 이유 /
프랭클린, DNA 이중 나선 구조 발견의 비극적 히로인 / 다윈, 월리스, 라마르크, 진화론 학자들의 엇갈린 운명 /
아리스토텔레스와 다윈, 생물학의 두 거장

마츠모토 히로유키(松本 浩幸) / 1963년 생

집필항목

에디슨, 그를 둘러싼 두 가지 잘못된 이야기

미야지마 다다시(宮島 理) / 1975년 생

집필항목

에디슨의 귀가 멀게 된 진짜 이유

미야지마 마사후미(宮島 雅史) / 1965년 생

집필항목

제베크와 펠티에, 취미로 이룬 대발견

모리타 야시히사(森田 保久) / 1962년 생

집필항목

멘델, 제일 형편없는 과목은 생물이었다 / 제너, 천연두의 공포에서 인류를 구한 시골의사

스미쿠라 고이이치(隅藏 康一) / 1970년 생

옮긴이 : 윤명현

윤명현은 현재 대학원에서 박사과정을 밟고 있으며 선문대학교 강사와 전문 번역 프리랜서로 활발한 활동을 하고 있다. 번역서로는 『남녀차이, 모르거나 혹은 오해이거나』, 『선생님도 모르는 지리 이야기』, 『코다』, 『스타킹 훔쳐보기』 외 다수가 있다.

교과서에 등장하는 과학자들의 숨겨진 이야기
선생님도 모르는 과학자 이야기

초판 1쇄 발행 2004년 4월 10일
초판 9쇄 발행 2012년 8월 25일

지은이 사마키 다케오 외 젊은 과학도 11명 | **옮긴이** 윤명현 | **일러스트** 원혜진 | **펴낸이** 김종길

편집부 임현주 · 이은지 · 이송이 · 이경숙 | **디자인부** 정현주 · 박경은 | **마케팅부** 김재룡 · 박용철
관리부 이현아

펴낸곳 글담출판사 | **출판등록** 제7-186호
주소 (132-898) 서울시 도봉구 창4동 9번지 한국빌딩 7층
전화 (02)998-7030 | **팩스** (02)998-7924
홈페이지 http://www.geuldam.com
이메일 bookmaster@geuldam.com

ISBN 89-86019-63-9 03400
잘못 만들어진 책은 바꾸어 드립니다. 책값은 표지에 있습니다.

글담출판사는 독자 여러분의 의견에 항상 귀 기울이고 있습니다.
책에 관한 아이디어와 원고 투고를 언제나 기다리고 있습니다. 머뭇거리지 말고 문을 두드리세요.

완벽하게 개념잡는 소문난 교과서 – 물리

손영운 지음 | 원혜진 그림 | 240쪽 | 11,000원

"하늘을 나는 라퓨타가 실제로 가능한가요?"

롤러코스터와 바이킹을 타며 역학적 에너지에 대해 공부한다고?
물리를 이해하는 데 가장 중요한 개념만을 선정하여,
생활 속 친숙한 예를 통해 설명한다.

●●● 중 · 고등학교 신학기 권장도서

완벽하게 개념잡는 소문난 교과서 – 지구과학

손영운 지음 | 원혜진 그림 | 240쪽 | 11,000원

"백두산의 키가 자라고 있다는 게 사실인가요?"

우리가 살고 있는 지구라는 별에 대해 알자!
지구과학의 개념과 원리를 우리 주변에서
관찰하고 경험할 수 있는 자연 현상을 통해 공부한다.

●●● 중 · 고등학교 신학기 권장도서

완벽하게 개념잡는 소문난 교과서 – 생물

손영운 지음 | 원혜진 그림 | 288쪽 | 11,000원

"복제양 돌리는 어떻게 탄생했을까요?"

인류의 가장 큰 관심인 질병과 노화, 환경오염, 식량 문제를
해결하러 우리 몸속과 다양한 생물체의 세상으로 탐험을 떠나자!

●●● 중 · 고등학교 신학기 권장도서

완벽하게 개념잡는 소문난 교과서 – 화학

손영운 지음 | 원혜진 그림 | 220쪽 | 11,000원

"불꽃놀이의 아름다운 색은 어떻게 만든 건가요?"

제발 원소기호를 외우지 말길! 우리가 아침에 일어나 화장실에 세수하러
들어서는 순간부터 화학과 관련되어 있다는 사실만 알고 있으면
화학 공부에 저절로 재미가 붙는다!

●●● 중 · 고등학교 신학기 권장도서

선생님도 모르는 과학자 이야기

사마키 다케오 외 지음 | 윤명현 옮김 | 원혜진 일러스트 | 244쪽 | 11,800원

청소년들이 꼭 알아야 할 과학자 이야기

이 책은 새로운 형식으로 과학자를 바라본다.
교과서에서 소개하는 기본적인 내용은 물론이고, 과학자들의
숨겨진 일화를 많이 담아내어 청소년들의 상식을 넓혔다.

●●● 부산시교육청, 서울시교육청 청소년 추천 도서

선생님도 모르는 지리 이야기

세계박학클럽 지음 | 윤명현 옮김 | 230쪽 | 11,800원

지리 성적도 올리고 논술 실력도 기른다!

청소년 눈높이에 맞는 다양하고 재미있는 본문 구성을 통해
단순하고 추상적인 지리 공부에서 벗어나 균형 잡힌 시각으로
세계를 바라볼 수 있는 기회를 제공한다.

●●● 부산시교육청, 한우리독서운동본부 청소년 추천 도서

선생님도 모르는 우주 이야기

라이너 괴테 지음 | 신혜원 옮김 | 240쪽 | 11,800원

과학시간에 못 배우는 신비한 우주이야기

백과사전처럼 딱딱하지 않고, 만화책처럼 가볍지 않은 내용들로,
청소년들이 꼭 알아야 할 우주와 은하, 별과 행성에 대한
우주상식 100가지를 모아 명쾌하게 설명했다.

●●● 과학문화재단 우수과학도서

선생님도 모르는 생물 이야기

울리히 슈미트 지음 | 신혜원 옮김 | 권오길 감수 | 212쪽 | 11,800원

생물 과목과 친해지는 책!

이 책은 재미와 내용을 모두 갖춘 생물서다.
잘못된 지식은 바로잡아 주고 잃어버린 흥미는 되살려 주며
지금껏 몰랐던 새로운 지식을 터득하게 해준다.

●●● 중 · 고등학교 신학기 권장도서

교과서를 만든 과학자들

손영운 지음 | 원혜진 일러스트 | 296쪽 | 13,500원

재미있는 이야기로 만나는 교과서 속 과학자

중 · 고등학교 과학 교과서에 나오는 중요한 과학자 30명을 선정해
그들의 이야기를 들려주고, 그들이 완성해 낸 원리와 법칙들이
교과서 어디에 등장하고 있는지를 자세히 소개한다.

●●● 한우리독서운동본부 청소년 추천 도서, 중국 저작권 수출

교과서를 만든 수학자들

김화영 지음 | 최남진 일러스트 | 220쪽 | 11,800원

뉴턴이 '미적분'을 가르쳐 준다고?

이 책은 다른 수학 책들처럼 무조건 수학 공식을 들이대며,
수학 공부를 강요하지 않는다. 그저 수학자들의 삶을 따라가 보면
그곳에 우리가 궁금하게 생각했던 수학 공식들이 숨어 있다.

**●●● 과학문화재단 우수 과학 도서, 아침독서운동본부 청소년 추천 도서,
간행물윤리위원회 청소년 추천 도서, 중국 저작권 수출**

교과서를 만든 시인들

송국현 지음 | 박영미 일러스트 | 340쪽 | 13,500원

교과서 속 시인 20명의 삶을 통해 배우는 80편의 시

중 · 고등학교 국어 과정에서 가장 중요한 시인 20명의 80여 편의
시 작품을 뽑아 시인이 살아온 현실을 통해 시를 이야기한다.
교과서를 중심으로 다루어 중 · 고등학생들에게 유용한 자료가 된다.

●●● 중 · 고등학교 신학기 권장도서

교과서를 만든 소설가들

문재용 · 최성수 지음 | 김형준 일러스트 | 280쪽 | 11,800원

소설가를 알면 교과서 속 소설이 쉬워진다!

중 · 고등학교 국어 교과서와 문학 교과서 18종을 분석해,
가장 출제 빈도가 높은 소설가 18인의 삶을 살펴보았다.
소설가의 삶을 따라가다 보면, 외우지 않아도 자연스럽게 소설을 이해할 수 있다.

●●● 중 · 고등학교 신학기 권장도서